人工智能创新与应用

主　编　刘建军

副主编　丁　凡　范兰兰

参　编　罗　欢　苏　镜　杨森泉

北京理工大学出版社

BEIJING INSTITUTE OF TECHNOLOGY PRESS

内 容 简 介

本书围绕人工智能核心技术，系统介绍了从基础概念到实际应用的全流程，重点涵盖了人工智能导论、知识表示、搜索算法、高级搜索技术、不确定知识与推理、智能体与多智能体系统、自然语言处理、机器学习、智能规划、机器人学等关键领域。书中通过丰富的案例分析和实验练习，引导读者逐步掌握理论知识，并结合应用场景深化对人工智能技术的理解。

本书不仅致力于提升读者的技术水平，还注重培养其创新能力和社会责任感。在内容编排上，书中融入了创新思维和实践方法，同时贯穿了素质教育，引导读者在学习过程中树立服务社会和推动科技进步的使命感。

本书适合作为高等院校人工智能、计算机科学等专业的教材或参考书，也可供从事智能技术研究和应用的专业人士参考。通过对本书的学习，读者将具备扎实的人工智能知识基础，并能将其应用于实际问题中，为未来的科技创新打下坚实的基础。

图书在版编目（CIP）数据

人工智能创新与应用／刘建军主编. --北京：北京理工大学出版社，2025.3.
ISBN 978-7-5763-5181-1

Ⅰ. TP18

中国国家版本馆 CIP 数据核字第 2025KM4913 号

| 责任编辑：陆世立 | 文案编辑：李 硕 |
| 责任校对：刘亚男 | 责任印制：李志强 |

| 出版发行 ／ 北京理工大学出版社有限责任公司 |
| 社　　址 ／ 北京市丰台区四合庄路 6 号 |
| 邮　　编 ／ 100070 |
| 电　　话 ／ （010）68914026（教材售后服务热线） |
|　　　　　　（010）63726648（课件资源服务热线） |
| 网　　址 ／ http://www.bitpress.com.cn |

| 版 印 次 ／ 2025 年 3 月第 1 版第 1 次印刷 |
| 印　　刷 ／ 三河市天利华印刷装订有限公司 |
| 开　　本 ／ 787 mm×1092 mm　1/16 |
| 印　　张 ／ 11.25 |
| 字　　数 ／ 261 千字 |
| 定　　价 ／ 89.00 元 |

前　言

　　人工智能是当今全球科技竞争的关键领域，随着技术的不断进步，它正在深刻改变社会的各个方面。党的二十大报告明确指出，要加快建设科技强国，推动科技自立自强，把创新摆在现代化建设全局的核心位置。人工智能作为新一轮科技革命的重要推动力，在实现这一战略目标中扮演着至关重要的角色。为了响应党的二十大报告中关于"必须坚持科技是第一生产力、人才是第一资源、创新是第一动力"的要求，本书旨在培养适应新时代需求的高素质人工智能人才，助力国家的科技进步与产业升级。

　　本书紧密结合党的二十大精神，致力于培养读者的创新思维和实践能力，为国家培养具有自主创新能力的高端人才。当前，人工智能技术已广泛应用于各个领域，如医疗健康、金融、制造业、交通等，它推动了这些领域的数字化转型。在党的二十大报告中，特别强调要推动人工智能、信息技术等战略性新兴产业的发展，这不仅为人工智能领域的发展指明了方向，也对高等教育中的人工智能相关课程提出了更高的要求。希望读者通过对本书的学习，不仅能够掌握人工智能的基础知识，还能够具备创新意识和社会责任感，肩负起推动科技进步的使命。

　　本书共分为10章，循序渐进地介绍了人工智能的各个重要领域。第1章为人工智能导论，读者将学习人工智能的定义、历史发展、主要学派以及应用领域，并了解当前技术的前沿动态和未来发展趋势。第2章为知识表示，介绍了命题逻辑、谓词逻辑和基于逻辑的推理方法，帮助读者理解如何将知识结构化表示，以便计算机的处理和推理。第3章和第4章为搜索算法及高级搜索技术，包括启发式搜索、约束满足问题等，案例分析涵盖了经典的八皇后问题、旅行商问题等，帮助读者更好地理解不同算法的应用。第5章为不确定知识与推理，讨论了不确定性推理与模糊逻辑，这是在处理复杂现实环境时必不可少的技术。通过实际案例，读者可以学会如何在不确定性条件下进行有效的决策。第6章到第8章分别为智能体与多智能体系统、自然语言处理以及机器学习，这些都是当前人工智能应用最为广泛的领域。第9章为智能规划，介绍了如何通过规划系统进行复杂任务的自动化操作。第10章为机器人学，介绍了机器人技术的核心原理以及未来发展趋势。

　　本书在每章后均设有练习与思考，可帮助读者巩固所学知识，并通过实际操作提升动手能力。同时，本书在部分章节中融入了素质提升教育内容，旨在引导读者将个人的发展与国家的科技创新需求相结合，树立为社会进步作贡献的远大目标。党的二十大报告强调，"科技是第一生产力""人才是第一资源"。因此，我们希望本书不仅能帮助读者掌握人工智能技术，更能激发他们的创新精神和社会责任感，使他们成为推动国家科技进步的重要力量。

本书由刘建军统稿，内容均由经验丰富的一线教师编写，其中第1章、第3章由范兰兰编写，第2章由丁凡编写，第5章由罗欢编写，苏镜和杨森泉参与了第7章的编写，其余章节由刘建军编写。在本书的编写过程中，洪远泉、文昊翔、魏子巍、陈雪花、陈景华、谢杰、吴渝平等老师做了大量的工作，提供了宝贵的经验，在此一并表示感谢。同时要感谢北京理工大学出版社编辑的悉心策划和指导。

由于编者水平有限，书中难免存在疏漏和不足之处，恳请读者批评指正。如有问题，可以通过电子邮箱：king@sgu.edu.cn 与编者联系。

编　者

2024 年 9 月

目　录

第 1 章　人工智能导论

本章重点

(1)理解人工智能的定义与不同范畴。

(2)了解人工智能的关键技术和主要应用领域。

(3)了解人工智能的发展历史及其主要学派。

(4)探讨人工智能的发展趋势及其伦理和法律问题。

本章难点

(1)比较人类智能和人工智能在学习、推理、感知、创造力等方面的异同。

(2)理解并区分符号主义、连接主义、行为主义及混合学派的理论和方法。

(3)讨论人工智能在实际应用中的伦理和法律挑战。

学习目标

(1)定义与范畴:掌握人工智能的基本定义和主要研究范畴。

(2)关键技术:了解机器学习、深度学习、自然语言处理、计算机视觉等关键技术。

(3)应用领域:能够列举并描述人工智能在不同领域的具体应用。

(4)发展历史:熟悉人工智能的发展历史及其主要学派。

(5)能力比较:分析并比较人类智能和人工智能在不同方面的能力。

在过去的几十年里，人工智能（Artificial Intelligence，AI）从一个充满科幻色彩的概念逐步发展成为改变世界的重要技术力量。它不仅是计算机科学的一个分支，更是一门"跨学科"的科学，它结合了数学、认知科学、神经科学、心理学、语言学等多个领域的知识。人工智能技术正在迅速渗透到各行各业，从自动驾驶汽车到智能助手，从精准医疗到智能制造，几乎在现代社会的每一个角落都能看到它的身影。本章将为读者介绍人工智能的定义、范畴、关键技术、发展历史、应用领域及发展趋势，帮助读者全面了解这一改变世界的重要技术。

1.1　人工智能的定义与范畴

人工智能是计算机科学的一个分支，它致力于研究和开发用于模拟、扩展和实现人类智能的理论、方法、技术及应用系统。它是一门横跨多个学科的科学，内容涉及计算机科学、数学、认知科学、神经科学、心理学、语言学、运筹学等多个学科。

1.1.1　人工智能的定义

人工智能的定义可以从以下两个角度来理解。

1. 学术定义

（1）约翰·麦卡锡（John McCarthy）：人工智能是研究和设计智能代理的科学和工程。智能代理是指能够感知其环境并采取行动以实现目标的系统。

（2）尼尔斯·约翰·尼尔森（Nils John Nilsson）：人工智能是关于智能行为的计算机程序的研究。

（3）斯图尔特·拉塞尔（Stuart Russell）和彼得·诺维格（Peter Norvig）：人工智能是一门研究如何使计算机系统能够完成传统上需要人类智能的任务的科学。

2. 应用定义

人工智能是开发用于执行通常需要人类智能才能完成的任务的计算机系统的科学与工程，如视觉识别、语音识别、决策制定和语言翻译等。

1.1.2　人工智能的范畴

人工智能可以分为几大范畴。

1. 弱人工智能

弱人工智能也称为狭义人工智能，是指专门解决特定问题的人工智能系统。它只在特定任务或领域表现出智能行为。

其主要应用场景为：语音助手（如 Siri、Alexa）、图像识别系统、推荐系统和自动驾驶汽车等。

2. 强人工智能

强人工智能也称为通用人工智能，是指具备与人类相当的智能，能够理解、学习、推理和解决广泛复杂问题的人工智能系统。目前，强人工智能仍处于理论研究阶段。

其研究目标为：开发能够独立进行思考和决策的智能系统，具备自主学习和适应新环境的能力。

3. 超人工智能

超人工智能是指超越人类智能的人工智能系统，它具备更高水平的认知能力和决策能力。

超人工智能目前仍处于理论探索阶段，其潜在影响和风险需要深入研究并谨慎对待。

1.1.3　人工智能的关键技术和研究领域

人工智能有多个关键技术和研究领域。

1. 机器学习(Machine Learning)

机器学习是指通过数据训练模型，使其能够自主进行预测和决策的技术。机器学习主要包括监督学习、无监督学习和强化学习。

其主要应用场景为：图像分类、语音识别、金融预测和医疗诊断等。

2. 深度学习(Deep Learning)

深度学习是机器学习的一个分支，利用多层人工神经网络进行数据特征提取和模式识别。

其主要应用场景为：自然语言处理、计算机视觉和自动驾驶等。

3. 自然语言处理(Natural Language Processing)

自然语言处理是研究计算机与人类语言之间相互作用的技术，使计算机能够理解、生成和处理人类语言。

其主要应用场景为：机器翻译、文本分析、情感分析和聊天机器人等。

4. 计算机视觉(Computer Vision)

计算机视觉是研究如何使计算机系统能够自动从图像或视频中获取信息并进行理解的技术。

其主要应用场景为：面部识别、目标检测和图像分割等。

5. 智能机器人(Intelligent Robot)

智能机器人结合了人工智能和机器人技术，开发具有自主决策和执行能力的机器人系统。

其主要应用场景为：工业机器人、服务机器人和医疗机器人等。

6. 专家系统(Expert System)

专家系统是模拟人类专家在特定领域内进行决策和问题求解的计算机系统。

其主要应用场景为：医疗诊断、金融分析和法律咨询等。

1.1.4　人工智能的发展历史

人工智能的发展经历了几个重要阶段。

1. 早期探索阶段 (20 世纪 50—60 年代)

1)概念的诞生

1956 年，约翰·麦卡锡、马文·明斯基、纳撒尼尔·罗切斯特和克劳德·香农组织了达特茅斯会议，提出了"人工智能"这一术语，标志着人工智能研究的正式诞生。

由艾伦·图灵提出的"图灵测试"作为检验机器是否具有人类智能的方法，成为人工智能研究的基础理论之一。

2）早期成就

逻辑理论家（Logic Theorist）是由艾伦·纽厄尔和赫伯特·西蒙于 1956 年开发的第一个逻辑推理程序，被认为是人工智能领域的奠基石。

一般问题解决机器（General Problem Solver）是由艾伦·纽厄尔和赫伯特·西蒙于 1957 年开发的另一个重要程序，能够模拟人类解决问题的过程。

克里斯托弗·斯特雷奇于 1951 年开发的下棋程序是历史上最早成功的人工智能程序，它展示了计算机在特定任务上的潜力。

2. 繁荣与挫折（20 世纪 60—70 年代）

1）兴起

ELIZA 是由约瑟夫·维森鲍姆于 1966 年开发的模拟心理治疗的对话程序，展示了自然语言处理的潜力。

Shakey 是由斯坦福研究所于 1969 年开发的第一个移动机器人，能够感知环境并做出决策。

2）挫折

人工智能冬天于 1970 年初到来，由于人们过高的期望和当时有限的计算能力，人工智能研究面临资金削减和信心下降的困境。马文·明斯基和西蒙·派珀特在其著作 *Perceptrons* 中指出了早期神经网络的局限性，进一步打击了研究热情。

3. 专家系统与新技术（20 世纪 80—90 年代）

1）专家系统

XCON 是由卡内基梅隆大学于 1980 年开发，用于配置计算机系统的专家系统，具有很高的效率和准确性。

2）新技术

1986 年，由杰弗里·辛顿等人推广的反向传播算法使得神经网络重新获得关注，并成为深度学习的基础。

同时随着计算机硬件的发展，人工智能算法得以在更大规模的数据集上进行训练，并取得显著进展。

IBM 公司开发的下棋计算机深蓝（Deep Blue），于 1997 年在国际象棋比赛中击败世界冠军加里·卡斯帕罗夫，标志着人工智能在特定任务上具有超越人类的能力。

4. 现代人工智能（21 世纪初至今）

1）大数据与深度学习

2012 年 ImageNet 竞赛冠军获得者 AlexNet 是由亚历克斯·克里切夫斯基、伊尔亚·苏茨克维和杰弗里·辛顿开发的经典网络，它显著提高了图像识别的准确率，展示了深度学习在处理大规模数据集上的潜力。

Google 公司的 Transformer 模型和 BERT 模型在多个自然语言处理任务中取得了突破性进展，提升了机器理解和生成自然语言的能力。

2）人工智能的广泛应用

智能助手：如苹果的 Siri、亚马逊的 Alexa 等可运用到日常生活中，提供语音识别、语音助手、智能家居控制等功能。

自动驾驶：特斯拉等公司在自动驾驶技术上的突破和商业化应用，推动了交通行业的变革。

医疗 AI：人工智能在疾病诊断、个性化治疗、药物研发等方面进展显著，提高了医疗服务的效率和精准度。

3）伦理与未来

伦理问题：人工智能的发展带来了隐私、就业等方面的伦理挑战，需要出台相应的政策和法规来应对。

未来展望：人工智能在科学研究、智能制造、教育等领域具有广阔的应用前景，对量子计算、脑机接口等前沿技术的探索都离不开人工智能。

1.2　人类智能与人工智能的比较

人类智能（Human Intelligence）和人工智能是两个密切相关但不同的概念。了解它们的区别和联系，有助于更好地理解和应用人工智能技术。

1.2.1　定义

人类智能指人类大脑处理信息的能力，包括学习、推理、解决问题、感知和理解语言等。

人工智能指通过计算机技术模拟人类智能的能力，使计算机能够执行通常需要人类智能才能完成的任务。

1.2.2　能力比较

1. 学习能力

人类智能能够通过观察和实践学习，从经验中获取知识，并能够迁移和应用这些知识到不同情境中。

人工智能通过数据训练模型来学习，但目前的学习能力通常限制在特定领域，难以进行跨领域的知识迁移。

2. 推理和决策能力

人类智能能够进行复杂的推理和决策，并能考虑情境、情感和伦理因素。

人工智能只基于算法和数据进行推理和决策，缺乏情感和伦理判断，通常只在特定任务中表现出色。

3. 感知能力

人类智能具有高度发达的感官系统，能够感知和理解复杂的环境。

人工智能是通过传感器和算法实现感知功能，如图像识别和语音识别等，但对复杂环境的理解感知仍有限。

4. 创造能力

人类智能具有原创性思维，可以创造艺术作品、研究科学理论和进行技术发明。

人工智能虽然可以生成艺术作品和技术方案，但缺乏真正的原创性，更多依赖于数据和算法。

5. 计算能力

人类智能在某些复杂计算任务中速度较慢，但具备强大的并行处理和模式识别能力。

人工智能在大规模数据处理和复杂计算任务中具有显著优势，能够高速处理和分析数据。

1.2.3　灵活性和适应性

人类智能高度灵活，能够快速适应新环境和新任务，并在不确定和复杂的情况下做出决策。

人工智能通常专注于特定任务，适应性较低，需要大量数据和训练来适应新任务或环境。

1.3　人工智能的主要学派

人工智能在发展过程中，形成了多个学派，每个学派都有其独特的理论基础和研究方法。以下是主要的人工智能学派。

1.3.1　符号主义（Symbolism）

符号主义认为智能是符号处理的结果，通过操纵符号和规则来实现智能行为。

该学派代表人物有约翰·麦卡锡、艾伦·纽厄尔、赫伯特·西蒙。

该学派的主要方法为专家系统和逻辑推理。

（1）专家系统：基于知识库和推理机制，模拟人类专家在特定领域的决策过程。

（2）逻辑推理：使用逻辑表达和推理规则进行问题求解和决策。

其优点是能够处理复杂的决策和推理问题，在特定领域表现优异。

其缺点是需要大量的专家知识，难以扩展到新领域，对不确定性和模糊性问题的处理能力较弱。

1.3.2　连接主义（Connectionism）

连接主义认为智能是由大量简单单元（如神经元）通过连接和交互产生的，通过模拟生物神经网络来实现智能行为。

该学派代表人物有杰弗里·辛顿、杨立昆、约书亚·本吉奥。

该学派的主要方法为通过模拟生物神经元的连接和激活机制，进行模式识别和分类；使用多层神经网络结构，从大量数据中自动提取特征和进行学习。

其优点是具有强大的模式识别和学习能力，适用于图像、语音和自然语言处理等领域，能够从大量数据中自动提取特征，减少对手工特征工程的依赖。

其缺点是需要大量数据和计算资源进行训练，模型解释性较差，难以理解和调试。

1.3.3　行为主义（Behaviorism）

行为主义认为智能是通过环境中的刺激-反应关系进行学习和适应的，强调通过试验和反馈进行学习。

该学派代表人物有伯尔赫斯·弗雷德里克·斯金纳、理查德·萨顿、安德鲁·巴托。

该学派的主要方法为利用与环境的交互，基于奖励和惩罚机制使人工智能进行学习，优化行为策略。

其优点是能够在动态和不确定环境中学习和适应，适用于机器人控制、游戏 AI 和自动驾驶等领域。

其缺点是学习过程较慢，可能需要大量的试验和错误，难以进行复杂任务的分解和策略优化。

1.3.4　混合学派(Hybrid Approaches)

混合学派结合了符号主义、连接主义和行为主义的优点，综合多种方法来实现智能行为。

许多现代人工智能研究人员和应用开发者都属于该学派。

该学派的主要方法为结合符号推理和神经网络，实现更高效和灵活的智能系统；结合深度学习和强化学习，提高人工智能的自主学习和决策能力。

其优点是能够处理更广泛的任务和应用场景，综合多种方法，提升系统的鲁棒性和性能。

其缺点是系统复杂度较高，开发和调试难度较大，需要更大的计算资源和数据支持。

1.4　人工智能的应用领域

人工智能技术已经在多个领域中得到了广泛应用，极大地改变了我们的生活和工作方式。以下是其一些主要的应用领域。

1.4.1　自然语言处理

人工智能在自然语言处理上的应用有以下几点。

(1)机器翻译：如 Google 翻译、百度翻译等，人工智能模型可实现多语言之间的自动翻译。

(2)文本分析：如情感分析、舆情监测等，可分析文本数据中的情感和观点。

(3)对话系统：如智能客服、聊天机器人可通过自然语言处理技术实现人机对话。

1.4.2　计算机视觉

人工智能在计算机视觉上的应用有以下几点。

(1)图像识别：如人脸识别、物体检测可广泛应用于安防、医疗、自动驾驶等领域。

(2)视频分析：如行为识别、视频监控可通过分析视频数据提取有用信息。

(3)医疗影像分析：如病变检测、辅助诊断可利用计算机视觉技术分析医学影像，辅助医生诊断疾病。

1.4.3　机器人技术

人工智能在机器人技术上的应用有以下几点。

(1)工业机器人：如制造业中的自动化生产线可提升生产效率和产品质量。

(2)服务机器人：如家庭机器人、医疗机器人可提供家务、护理等服务。

(3)无人系统：如无人机、无人驾驶汽车可应用于物流配送、交通管理等领域。

1.4.4　智能推荐系统

人工智能在智能推荐系统上的应用有以下几点。

（1）电商平台：如亚马逊、淘宝等平台可根据用户的浏览和购买历史推荐商品。

（2）内容推荐：如 Netflix、YouTube 等视频网站可根据用户的观看历史推荐视频内容。

（3）广告推荐：如 Google Ads 可根据用户的搜索和浏览记录投放精准广告。

1.4.5　金融科技

人工智能在金融科技上的应用有以下几点。

（1）智能投顾：如 Wealthfront、Betterment 可通过人工智能技术提供个性化的投资建议。

（2）风险管理：如信用评分、欺诈检测可通过分析用户行为和交易数据进行风险评估。

（3）量化交易：人工智能算法可进行股票和其他金融产品的自动化交易。

1.4.6　医疗健康

人工智能在医疗健康上的应用有以下几点。

（1）疾病诊断：如 IBM Watson Health 可通过分析医疗数据和文献辅助医生诊断疾病。

（2）个性化治疗：人工智能技术可以分析患者的基因数据和病史，提供个性化的治疗方案。

（3）健康监测：如可穿戴设备可通过传感器和人工智能算法监测用户的健康状况。

1.4.7　教育领域

人工智能在教育领域上的应用有以下几点。

（1）智能辅导：如 Coursera、Khan Academy 可通过人工智能技术提供个性化的学习建议和辅导。

（2）自动批改：如作文批改系统可通过自然语言处理技术自动批改学生的作文和试卷。

（3）教育数据分析：人工智能技术可以分析学生的学习行为和成绩数据，提供教学改进建议。

1.4.8　智能交通

人工智能在智能交通上的应用有以下几点。

（1）交通管理：人工智能技术可以进行实时监控和数据分析，优化交通信号控制和交通流量管理。

（2）自动驾驶：如特斯拉、Waymo 等公司可通过人工智能技术实现车辆的自动驾驶。

（3）智慧城市：人工智能技术可以采集和分析数据，提高城市基础设施的管理服务水平。

1.5　人工智能的发展趋势

人工智能技术正在快速发展，未来有望在更多领域发挥重要作用。以下是人工智能的一些主要发展趋势。

1.5.1　深度学习的进步

深度学习在过去几年中取得了显著进展，未来还将继续发展，尤其是在以下几个方面。

（1）自监督学习：人工智能可利用未标注数据进行训练，降低对大量标注数据的依赖。

（2）神经网络架构的创新：如 Transformer、图神经网络等新架构可提升模型的表达能力。

（3）模型解释性：深度学习模型的可解释性的提高，使人工智能在实际应用中更具可信度。

1.5.2　边缘计算与人工智能融合

随着物联网设备的普及，边缘计算与人工智能的融合将成为趋势。

（1）实时数据处理：在边缘设备上进行的实时数据处理和分析，将减少延迟和带宽消耗。

（2）隐私保护：数据在本地处理，减少数据传输，可提升数据的隐私性和安全性。

1.5.3　人工智能与大数据结合

大数据为人工智能提供了丰富的数据资源，人工智能则为大数据提供了强大的分析工具。

（1）数据驱动的决策：人工智能可分析海量数据，提供更加精准和智能的决策支持。

（2）个性化服务：大数据和人工智能技术可为用户提供个性化的产品和服务。

1.5.4　人工智能的伦理与法律问题

随着人工智能技术的广泛应用，其伦理和法律问题也日益突出。

（1）数据隐私：如何在保护用户隐私的前提下进行数据收集和分析。

（2）算法公平性：如何避免人工智能算法中的偏见和歧视，确保其公平性和公正性。

（3）责任归属：在人工智能系统出现问题时，如何确定责任归属。

（4）相关法律问题：如何建立合理的法律框架来约束人工智能的使用。

1.5.5　多模态人工智能

多模态人工智能能够理解和处理来自多种数据源的信息，如文本、图像、语音等。

（1）多模态融合：不同模态的数据进行融合可提高人工智能对信息理解和处理的准确性。

（2）应用扩展：在医疗、教育、娱乐等领域应用多模态人工智能技术可提供更加智能和全面的服务。

1.5.6　人机协作

未来人工智能将更多地与人类协作，共同完成复杂任务。

（1）增强智能：利用人工智能技术提高人类的工作能力和效率，而不是完全替代人类。

（2）协作系统：开发能够与人类协作的智能系统，提高工作效率和决策质量。

1.5.7　自动化与自主系统

自动化与自主系统是人工智能的重要应用方向。

（1）智能制造：人工智能技术能实现生产过程的自动化和智能化，可提高生产效率和质量。

（2）自主机器人：开发能够自主学习和决策的机器人系统，应用于工业、服务、军事等领域。

1.6　案例分析

对具体案例的研究可以帮助我们更好地理解和应用人工智能技术。以下是两个经典案例的分析。

1.6.1　SP 先生谜题

SP 先生谜题是一个数学谜题，其核心在于通过已知条件和逻辑推理，找到一个唯一解。问题涉及的已知条件通常较多，需要进行复杂的逻辑推理。

设有两个自然数 X、Y，$2 \leqslant X \leqslant Y \leqslant 99$，S 先生知道这两个数的和 S，P 先生知道这两个数的积 P，他们二人进行了如下对话。

S 先生：我确信你不知道这两个数是什么，但我也不知道。

P 先生：一听你说这句话，我就知道这两个数是什么了。

S 先生：我也是，我也知道了。

你能通过他们的会话推断出这两个数是什么吗？

本问题的求解方法有以下两点。

（1）逻辑推理：对已知条件进行分析和推理，逐步排除不可能的解，从而找到唯一的解。

（2）搜索算法：如回溯搜索，逐步尝试和撤销选择，找到满足所有条件的解。

SP 先生谜题的 Python 示例如图 1-1 所示。

```python
def solve_sp_puzzle():
    # 定义已知条件和变量
    # 例如：候选数字集合
    candidates = list(range(1, 101))

    # 进行逻辑推理和条件过滤
    for condition in conditions:
        candidates = [x for x in candidates if condition(x)]

    # 返回唯一解
    if len(candidates) == 1:
        return candidates[0]
    else:
        return None

# 示例条件函数
conditions = [
    lambda x: x % 2 == 0,  # 偶数
    lambda x: x > 50,      # 大于50
]

solution = solve_sp_puzzle()
print(solution)
```

图 1-1　SP 先生谜题的 Python 示例

1.6.2　NIM 问题

NIM 问题是一个经典的博弈论问题，两个玩家轮流从一堆或多堆石子中取走一定数量的石子，取走最后一个石子的人获胜。

该问题的求解方法有以下两点。

（1）博弈树搜索：构建 NIM 问题的博弈树，通过搜索找到最优策略。

（2）极小化极大算法和 α-β 剪枝：通过模拟对手的最佳策略，找到当前最优的行动。

NIM 问题的 Python 示例如图 1-2 所示。

```python
def minimax_nim(state, depth, maximizing_player):
    if is_terminal(state):
        return evaluate(state)

    if maximizing_player:
        max_eval = float('-inf')
        for child in get_children(state):
            eval = minimax_nim(child, depth - 1, False)
            max_eval = max(max_eval, eval)
        return max_eval
    else:
        min_eval = float('inf')
        for child in get_children(state):
            eval = minimax_nim(child, depth - 1, True)
            min_eval = min(min_eval, eval)
        return min_eval


# 示例NIM游戏状态表示和评估函数
def is_terminal(state):
    return sum(state) == 0


def evaluate(state):
    return 1 if sum(state) == 0 else 0


def get_children(state):
    children = []
    for i in range(len(state)):
        for j in range(1, state[i] + 1):
            new_state = state[:]
            new_state[i] -= j
            children.append(new_state)
    return children


initial_state = [3, 4, 5]
best_value = minimax_nim(initial_state, depth=3, maximizing_player=True)
print("最佳值: ", best_value)
```

图 1-2　NIM 问题的 Python 示例

1.7 练习与思考

1. 定义人工智能，并简要描述其主要研究范畴。

2. 比较人类智能和人工智能在学习能力、推理和决策能力、感知能力、创造能力等方面的异同。

3. 描述符号主义、连接主义和行为主义的基本理论和主要方法，并举例说明它们在人工智能中的应用。

4. 列举人工智能的主要应用领域，并简要描述每个领域的具体应用。

5. 分析深度学习的发展趋势，并讨论其在未来的潜在应用。

6. 讨论边缘计算与人工智能的融合及其优势。

7. 讨论人工智能的伦理与法律问题，并提出解决方案。

8. 解释多模态人工智能的概念，并举例说明其应用。

9. 研究 SP 先生谜题，尝试通过逻辑推理找到唯一解。

10. 使用极小化极大算法和 α-β 剪枝解决 NIM 问题，并分析其性能。

本章参考文献

[1] 斯图尔特·拉塞尔，彼得·诺维格. 人工智能：一种现代方法 [M]. 3 版. 北京：机械工业出版社，2016.

[2] 周志华. 机器学习 [M]. 北京：清华大学出版社，2016.

[3] 伊恩·古德费洛，约书亚·本吉奥，亚伦·库维尔. 深度学习 [M]. 北京：人民邮电出版社，2018.

[4] 黄伟. 边缘计算与人工智能 [M]. 北京：电子工业出版社，2019.

[5] 郭少棠. 人工智能伦理与法律 [M]. 北京：清华大学出版社，2020.

第 2 章　知识表示

本章重点

本章重点

(1) 了解知识表示的基本概念及其在人工智能中的作用。
(2) 熟悉命题逻辑和谓词逻辑的基础知识及推理规则。
(3) 掌握基于逻辑的推理过程与产生式系统的工作原理。
(4) 探索高级知识表示方法及其在复杂推理中的应用。
(5) 通过实际问题的分析，学习如何将知识表示和推理方法应用于问题求解。

本章难点

(1) 谓词逻辑的语法和语义理解，以及如何将其应用于推理。
(2) 基于逻辑的推理算法，特别是如何高效地在大规模状态空间中进行推导。
(3) 产生式系统的规则设计与优化。
(4) 高级知识表示方法的灵活应用，以及在不同场景中如何选择合适的表示形式。

学习目标

(1) 理解知识表示在人工智能中的意义和作用，并能辨析不同的表示方法。
(2) 掌握命题逻辑和谓词逻辑的基本概念、语法及推理方法，并能将其应用于问题求解。
(3) 理解产生式系统的工作机制，并能够设计简单的规则系统。
(4) 探索高级的知识表示方法，并了解它们在复杂推理任务中的优势。
(5) 通过案例分析，能够应用学到的理论和方法来解决实际问题。

在人工智能的发展过程中，知识表示是实现智能的关键环节之一。通过有效的知识表示，计算机不仅可以"存储"信息，还能够"理解"并"推理"出新的知识。随着问题复杂性的增加，传统的命题逻辑和谓词逻辑逐渐展现出其局限性，所以需要开发更复杂、更高级的表示方法和推理机制。

在本章中，将介绍知识表示的基本概念，并逐步深入探讨命题逻辑、谓词逻辑等基础知识。此外，还会探讨基于逻辑的推理方法，理解产生式系统的工作原理，并学习一些高级的知识表示技术。通过对几个经典案例的分析，读者能将这些理论与方法应用于解决实际问题，进一步加深对知识表示与推理的理解。

2.1 知识表示概述

2.1.1 知识表示的定义

知识表示是人工智能和认知科学中的一个核心领域，涉及如何以计算机能够理解和处理的形式来表达、组织和利用知识。其目标是开发能够模仿人类智能行为的系统，使其能够理解、推理和解释人类知识。

例如，在医学诊断系统中，知识表示用于将医学知识表示为可以被计算机处理的信息，从而帮助医生进行诊断。

2.1.2 知识表示的基本要素

知识表示的基本要素有以下 5 个部分。

（1）语义网络：一种图结构，节点代表概念或实体，边代表概念之间的关系，如图 2-1 所示。

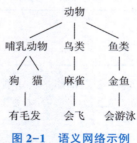

图 2-1 语义网络示例

例如，在语义网络中，节点可以是"猫""动物"等概念，边表示"猫是动物的一种"这样的关系。

（2）框架：用结构化的形式表示知识，每个框架有一组属性和相应的值，如图 2-2 所示。

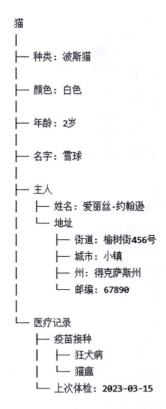

图 2-2　框架示例

例如，一个"猫"的框架可能包含属性如"种类""颜色""年龄"等，对应的值可能是"波斯猫""白色""2 岁"等。

（3）本体：定义一个领域内的基本概念及其关系的集合，用于共享和复用知识，如图 2-3 所示。

图 2-3　本体示例

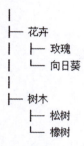

```
        |
        ├─ 花卉
        |   ├─ 玫瑰
        |   └─ 向日葵
        |
        ├─ 树木
            ├─ 松树
            └─ 橡树
```

图 2-3　本体示例(续)

例如，在生物学领域，本体可能定义"动物""植物"等概念及它们之间的分类关系。

(4)规则：表示条件和动作，用于推理和决策。

例如，规则可以表示为"如果 X 是猫，那么 X 是动物"，用于逻辑推理。

(5)逻辑：使用形式逻辑表示知识，以推导出新的结论。

例如，逻辑表达式"所有猫都是动物"可以用于推理"如果 Tom 是猫，那么 Tom 是动物"。

2.1.3　知识表示的重要性

知识表示在人工智能系统中扮演着关键角色，主要体现在以下几个方面。

(1)支持推理：通过知识表示，人工智能系统可以进行逻辑推理，推导出新的知识或解决问题。

例如，一个医学专家系统可以通过已有的医学知识，推断出患者可能患的疾病。

(2)增强理解：知识表示可以帮助系统理解复杂的概念和关系，从而更好地与人类进行交互。

例如，语音助手可以通过知识表示理解用户的意图，并提供相应的回答。

(3)知识共享：通过标准化的表示方法，不同系统可以共享和复用知识，提升效率和一致性。

例如，不同的生物学研究机构可以通过共享本体来统一生物分类。

2.1.4　知识表示的挑战

知识表示面临的主要挑战包括以下几个方面。

(1)复杂性：如何有效地表示复杂和动态的知识。

例如，表示一个动态变化的系统，如天气预报模型，需要考虑时间和空间变化。

(2)不确定性：如何处理不确定或模糊的知识。

例如，在医学诊断中，有时症状并不明确，需要处理模糊信息。

(3)计算开销：如何在保证知识表示丰富性的同时，降低计算成本。

例如，在大规模知识库中，如何快速检索和推理。

2.1.5　知识表示的典型方法

知识表示的典型方法包括以下几种。

(1)语义网络：用于表示概念及其关系的网络，其结构如图 2-4 所示。

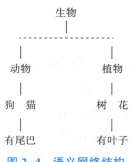

图 2-4　语义网络结构

例如，在语义网络中，使用节点和边表示概念和它们之间的关系，如"猫"与"动物"之间的"是"关系。

（2）框架和脚本：用于表示结构化知识的模板。

例如，框架可以用于表示一个"事件"，如"就餐"事件的框架包含"地点""时间""参与者"等属性。

（3）描述逻辑：用于表示概念、角色及其关系的形式系统。

例如，描述逻辑可以用于定义"猫"是"动物"的一种，以及"猫"具有"捕食鼠"的行为。

（4）本体：用于表示和组织领域知识的集合，其结构如图 2-5 所示。

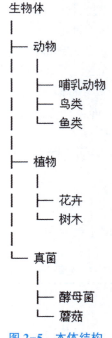

图 2-5　本体结构

例如，在本体中，可以定义"生物体"的分类，以及它们之间的继承关系。

（5）规则和生产系统：用于表示条件-动作规则的系统。

例如，规则系统可以用于自动化推理，如"如果天气是晴天，则推荐进行户外活动"。

2.2 命题逻辑

在人工智能和计算机科学中，命题逻辑（Propositional Logic）是一种基本的逻辑形式，用于表示和推理命题。命题逻辑利用逻辑连接词将简单命题组合成复杂命题，并通过真值表来分析其逻辑特性。

2.2.1 命题的定义及其类型

命题是一个声明句子，可以被判断为真或假。例如，"今天是晴天"是一个命题，因为它可以是"真"或"假"。

命题的类型主要分为简单命题和复合命题。

简单命题：不包含任何逻辑连接词的命题。例如，"今天是晴天"。

复合命题：包含一个或多个逻辑连接词的命题。例如，"今天是晴天且温度高"。

2.2.2 逻辑连接词

逻辑连接词用于将简单命题连接成复合命题。

常见的逻辑连接词包括合取、析取、否定、条件和双条件。

合取（符号为 $\wedge$，代表且）：表示两个命题都为真。例如，"$A \wedge B$"表示"A 且 B"。

析取（符号为 $\vee$，代表或）：表示至少一个命题为真。例如，"$A \vee B$"表示"A 或 B"。

否定（符号为 $\neg$，代表非）：表示命题的相反。例如，"$\neg A$"表示"非 A"。

条件（符号为 $\rightarrow$，代表如果……，那么……）：表示一个命题为真时另一个命题也为真。例如，"$A \rightarrow B$"表示"如果 A 那么 B"。

双条件（符号为 $\leftrightarrow$，代表当且仅当）：表示两个命题同时为真或同时为假。例如，"$A \leftrightarrow B$"表示"A 当且仅当 B"。

2.2.3 命题逻辑的真值表

真值表列出了命题在所有可能情况下的真值，表 2-1~表 2-4 分别为合取、析取、条件和双条件的真值表。

表 2-1　合取（$A \wedge B$）

A	B	$A \wedge B$
真	真	真
真	假	假
假	真	假
假	假	假

表 2-2 析取($A \lor B$)

A	B	$A \lor B$
真	真	真
真	假	真
假	真	真
假	假	假

表 2-3 条件($A \rightarrow B$)

A	B	$A \rightarrow B$
真	真	真
真	假	假
假	真	假
假	假	真

表 2-4 双条件($A \leftrightarrow B$)

A	B	$A \leftrightarrow B$
真	真	真
真	假	假
假	真	假
假	假	真

2.2.4 命题逻辑的应用

命题逻辑的应用有以下几点。

(1)推理：通过已知命题得出新的命题。例如，由"如果下雨，那么带伞"和"下雨"可以推理出"带伞"。

(2)决策：在条件不确定的情况下，利用逻辑连接词分析不同情景下的结果。例如，在天气预报的基础上决定是否外出。

(3)计算机科学：逻辑电路设计、程序控制流等都基于命题逻辑。

2.3 谓词逻辑

谓词逻辑(Predicate Logic)，也称为一阶逻辑(First-Order Logic)，是命题逻辑的扩展，它不仅能表示简单的真值关系，还能表达更复杂的对象和属性之间的关系。谓词逻辑在人工智能、数学、计算机科学等领域都有广泛的应用。

2.3.1 谓词定义及其结构

谓词是用于表示对象及其属性或对象之间关系的符号。

以下是谓词示例。

$P(x)$：表示对象 x 具有属性 P。例如，$P(x)$ 可以表示"x 是一个人"。

$R(x,y)$：表示对象 x 和对象 y 之间的关系 R。例如，$R(x,y)$ 可以表示"x 喜欢 y"。

常量：表示具体的对象，如 a、b、c。

变量：表示可以取不同值的对象，如 x、y、z。

函数：表示从常量集合到变量集合的映射，例如，$f(x)$ 表示"x 的父亲"。

2.3.2 量词

量词用于表示命题的范围。

全称量词(符号为 $\forall$)：表示对于所有的对象。例如，$\forall x\, P(x)$ 表示"对于所有 x，$P(x)$ 都为真"。

存在量词(符号为 $\exists$)：表示存在至少一个对象。例如，$\exists x\, P(x)$ 表示"存在至少一个 x，使 $P(x)$ 为真"。

2.3.3 谓词逻辑的公式

谓词逻辑的公式由谓词、量词和逻辑连接词构成。

原子公式：由谓词和常量或变量构成的基本命题。例如，$P(a)$、$R(x,y)$。

复杂公式：通过逻辑连接词和原子公式构成的复合命题。例如，$\neg P(a)$、$P(x) \wedge Q(x)$、$\forall x\, [P(x) \rightarrow Q(x)]$。

2.3.4 谓词逻辑推理的基本规则

谓词逻辑推理的基本规则是通过已知的命题和推理规则得出新的命题。

以下为示例。

全称量词消去：如果 $\forall x\, P(x)$ 为真，那么对于任意对象 a，$P(a)$ 也为真。

存在量词引入：如果 $P(a)$ 为真，那么 $\exists x\, P(x)$ 也为真。

2.3.5 谓词逻辑的应用

谓词逻辑可用于知识表示、自动推理、数据库查询。

知识表示：用于表示复杂的知识结构和规则。例如，谓词逻辑可用于表示某个领域的知识库。

自动推理：用于自动证明和推理系统。例如，谓词逻辑可用于验证数学定理或逻辑程序的正确性。

数据库查询：用于复杂的查询表达。例如，SQL(结构化查询语言)中的查询条件可以视为谓词逻辑公式。

2.4 基于逻辑的推理

基于逻辑的推理是人工智能的重要组成部分，通过逻辑推理可以从已知信息中得出新的结论。推理在计算机科学、数学、法律等领域都有广泛的应用。

2.4.1　推理的基本概念

推理是从一个或多个前提出发，通过逻辑规则导出结论的过程。

前提是作为推理基础的命题或事实。例如，"所有人都会死"和"苏格拉底是人"是前提。

结论是通过推理得到的新命题。例如，"苏格拉底会死"是结论。

2.4.2　推理规则

推理规则是由前提得出结论的逻辑步骤。

常见的推理规则有以下几点。

合取引入（Conjunction Introduction）：如果 A 和 B 为真，则 $A \wedge B$ 也为真。例如，$A=$ "今天是周一"，$B=$ "今天下雨"，则"A 且 B"为真。

合取消去（Conjunction Elimination）：如果 $A \wedge B$ 为真，则 A 为真，B 也为真。例如，$A \wedge B=$ "今天是周一且今天下雨"，则 $A=$ "今天是周一"和 $B=$ "今天下雨"都为真。

析取引入（Disjunction Introduction）：如果 A 为真，则 $A \vee B$ 为真。例如，$A=$ "今天是周一"，$B=$ "今天下雨"，则 $A \vee B=$ "今天是周一或今天下雨"为真。

析取消去（Disjunction Elimination）：如果 $A \vee B$ 为真，且 $\neg A$ 为真，则 B 为真。例如，$A \vee B=$ "今天是周一或今天下雨"，且 $\neg A=$ "今天不是周一"，则 $B=$ "今天下雨"为真。

否定引入（Negation Introduction）：如果由 A 导出矛盾，则 $\neg A$ 为真。例如，假设 $A=$ "今天是周一"，导出矛盾，则 $\neg A=$ "今天不是周一"为真。

否定消去（Negation Elimination）：如果 $\neg \neg A$ 为真，则 A 为真。例如，$\neg \neg A=$ "今天不是不是周一"，则 $A=$ "今天是周一"为真。

条件引入（Conditional Introduction）：如果假设 A 为真，导出 B 为真，则 $A \rightarrow B$ 为真。例如，假设 $A=$ "今天是周一"，导出 $B=$ "今天下雨"，则"$A \rightarrow B$"为真。

条件消去（Conditional Elimination）：如果 $A \rightarrow B$ 为真，且 A 为真，则 B 为真。例如，$A \rightarrow B=$ "如果今天是周一，那么今天下雨"，且 $A=$ "今天是周一"，则 $B=$ "今天下雨"为真。

2.4.3　推理的类型

推理的类型分为以下 3 种。

演绎推理（Deductive Reasoning）：从一般性原理或规则出发，推导出特定的结论。例如，由"所有人都会死"，推导出"苏格拉底会死"。

归纳推理（Inductive Reasoning）：从具体实例出发，归纳出一般性结论。例如，由"苏格拉底是人且会死"，推导出"所有人都会死"。

溯因推理（Abductive Reasoning）：从观察结果出发，推测最可能的原因。例如，由"看到地面湿"，推导出"可能下雨了"。

2.4.4　基于逻辑推理的应用

基于逻辑推理的应用有以下 3 点。

自动推理系统：计算机通过预定义的逻辑规则和事实库进行自动推理。例如，医学诊断系统根据症状推断疾病。

专家系统：通过逻辑规则模拟人类专家的推理过程，用于解决复杂问题。例如，法律专家系统用于法律咨询和案件分析。

形式验证：使用逻辑推理验证软件或硬件系统的正确性。例如，验证程序是否满足特定的安全性要求。

2.5　产生式系统

产生式系统(Production Systems)是一种用于知识表示和推理的系统，它通过一组规则和工作记忆来实现知识的动态处理和应用。产生式系统在专家系统和人工智能技术中有着广泛的应用。

2.5.1　产生式系统的基本结构

产生式系统是一种基于规则的系统，用于推理和决策。它主要由以下 3 个部分组成。

(1)规则库(Rule Base)：包含一组产生式规则，每条规则由前提(if-part)和结论(then-part)组成。例如，规则形式为"如果条件 A 成立，那么执行动作 B"。

(2)工作记忆(Working Memory)：存储当前系统的状态信息，包括所有已知的事实。

(3)推理引擎(Inference Engine)：负责根据规则库和工作记忆进行推理和决策，执行相应的规则。

例如，规则 1 为如果温度高且湿度高，那么开启空调。规则 2 为如果温度低且湿度低，那么关闭空调。

2.5.2　产生式规则的表示

每条产生式规则的格式通常用"IF…THEN…"形式表示，其中：IF 部分包含一个或多个条件，可以是简单条件或复合条件；THEN 部分包含一个或多个动作，可以是状态的改变或具体的操作。

产生式规则示例如图 2-6 所示。

IF 天气是晴天 AND 温度高
THEN 打开窗户

图 2-6　产生式规则示例

2.5.3　推理过程

推理过程包括匹配、冲突消解、执行、循环。

匹配(Matching)：推理引擎从工作记忆中提取当前事实，与规则库中的规则进行匹配，找出所有适用的规则。

冲突消解(Conflict Resolution)：当多条规则同时满足条件时，推理引擎根据一定的策略(如优先级、最近使用原则)选择一条规则执行。

执行(Execution)：根据选择的规则，更新工作记忆中的状态信息，或执行特定的操作。

循环（Iteration）：推理引擎重复上述步骤，直到没有适用的规则为止。

2.5.4　产生式系统的优点和缺点

产生式系统的优点有灵活性、直观性和模块化。

灵活性：规则可以独立添加或修改，系统易于扩展和维护。

直观性：规则的形式接近自然语言，易于理解和编写。

模块化：每条规则独立，便于模块化管理。

产生式系统的缺点有效率问题、可解释性和知识获取难度。

效率问题：在规则数量较多时，匹配和冲突消解的效率可能降低。

可解释性：复杂系统中的规则执行路径难以追踪和解释。

知识获取难度：需要专家知识来定义和维护规则库。

2.5.5　产生式系统的应用

产生式系统可应用在以下领域。

专家系统：利用产生式系统模拟专家的决策过程，如医学诊断系统。

自动化控制：通过规则控制设备的运行状态，如智能家居系统。

教育系统：根据学生的学习情况，动态调整教学策略和内容。

请完成以下练习题：

（1）编写两个产生式规则，分别描述在温度高和温度低时采取的措施；

（2）解释推理引擎在产生式系统中的作用；

（3）比较产生式系统与其他知识表示方法的优缺点。

2.6　高级知识的表示方法

在基本知识表示方法的基础上，高级知识表示方法提供了更强大的工具来处理复杂和多样化的知识。这些方法在表示、推理和处理知识方面具有更强的表达能力和灵活性。

2.6.1　框架表示

框架表示是一种基于结构化数据的知识表示方法，将知识表示为一组属性–值对的集合，称为框架（Frame）。框架适用于表示复杂实体及其属性。

结构：一个框架通常包含多个槽（Slot），每个槽包含一个属性和值。例如，表示一个人的框架可以包括姓名、年龄、职业等槽。

框架表示示例如图 2-7 所示。

```
框架：Person
槽：Name = "John Doe"
槽：Age = 30
槽：Occupation = "Engineer"
```

图 2-7　框架表示示例

框架表示的优点有以下两点。

(1)结构化表示：便于表示复杂对象及其属性。

(2)继承机制：支持类和子类的继承关系，提高表示的灵活性。

2.6.2　语义网络

语义网络使用图结构表示知识，其中节点表示对象或概念，边表示对象之间的关系。

语义网络由节点和有向边构成，节点表示实体或概念，边表示实体之间的关系。

语义网络示例如图2-8所示。

```
节点：Dog, Animal, Barks
边：Dog -> Animal （表示狗是一种动物）
边：Dog -> Barks （表示狗会叫）
```

图2-8　语义网络示例

语义网络的优点有以下两点。

(1)直观表示：图形结构直观，便于理解和可视化。

(2)关系表达：适用于表示对象间的复杂关系。

2.6.3　本体论

本体论是一种严格定义领域概念及其关系的知识表示方法，特别适合大规模知识库的构建和管理。

本体论由概念、关系和公理组成，用于定义领域内的基本元素及其相互关系。

本体论示例如图2-9所示。

```
概念：Person, Employee, Company
关系：works_for(Person, Company)
公理：Employee is a subclass of Person
```

图2-9　本体论示例

本体论的优点有以下两点。

(1)标准化：提供统一的术语和定义，便于知识共享和重用。

(2)表达能力：能够表示复杂的领域知识和规则。

2.6.4　模糊逻辑

模糊逻辑(Fuzzy Logic)是一种处理模糊和不确定信息的逻辑方法，不同于传统的二值逻辑，模糊逻辑允许值在0~1之间变化。

模糊逻辑系统包括模糊集合、模糊规则和模糊推理。

模糊规则示例如图2-10所示。

```
模糊规则：如果温度是高的，那么风速是低的。
```

图2-10　模糊规则示例

模糊逻辑的优点有以下两点。

（1）处理不确定性：适用于处理模糊和不确定信息。

（2）灵活推理：提供更灵活的推理方式，适应复杂环境。

2.6.5　贝叶斯网络

贝叶斯网络（Bayesian Network）是一种基于概率论的图模型，用于表示随机变量及其条件依赖关系。

贝叶斯网络由节点和有向无环图组成，节点表示随机变量，边表示变量之间的条件依赖关系。

贝叶斯网络示例如图 2-11 所示。

```
节点: Rain, Sprinkler, WetGrass
边: Rain -> WetGrass, Sprinkler -> WetGrass
```

图 2-11　贝叶斯网络示例

贝叶斯网络的优点有以下两点。

（1）概率推理：能够进行不确定性推理和概率计算。

（2）因果关系：适用于表示和推理因果关系。

2.7　知识管理系统

知识管理系统（Knowledge Management System，KMS）是用于收集、存储、组织、共享和应用知识的系统，旨在提升组织的知识管理能力，促进知识的有效利用和传播。知识管理系统在企业、教育、医疗、政府等各个领域都有广泛的应用。

2.7.1　知识管理系统的定义和目标

知识管理系统是一种综合性的 IT（信息技术）系统，集成了多种工具和技术，用于支持知识的创造、捕获、存储、检索和共享。

知识管理系统的目标有以下几点。

（1）知识获取：收集和捕获组织内外的知识。

（2）知识存储：以结构化的方式存储知识，确保知识的可访问性和安全性。

（3）知识共享：促进知识在组织内的流动和共享，打破"知识孤岛"。

（4）知识应用：支持知识的实际应用，提升组织的决策和创新能力。

2.7.2　知识管理系统的组成部分

1. 知识库（Knowledge Repository）

知识库是指存储结构化和非结构化知识的数据库，如文档库、案例库、最佳实践库等。

知识库的功能有以下 3 点。

（1）提供集中化的知识存储。

（2）支持知识的版本管理和权限控制。

（3）支持全文搜索和分类浏览。

2. 知识获取工具（Knowledge Acquisition Tools）

知识获取工具是用于收集和捕获知识的工具，如文本挖掘工具、问卷调查工具、传感器数据采集工具等。

知识获取工具的功能有以下 3 点。

（1）自动收集不同来源的数据和信息。

（2）支持数据清洗和预处理。

（3）支持与其他系统的集成，实现数据同步。

3. 知识分类和组织工具（Knowledge Classification and Organization Tools）

知识分类和组织工具可用于分类和组织知识，使其易于检索和使用，如分类目录、标签系统、语义网络等。

知识分类和组织工具的功能有以下 3 点。

（1）提供多层次的分类结构。

（2）支持标签和元数据管理。

（3）提供知识地图和关系图谱。

4. 知识检索和访问工具（Knowledge Retrieval and Access Tools）

知识检索和访问工具是支持用户检索和访问知识的工具，如全文搜索引擎、问答系统、推荐系统等。

知识检索和访问工具的功能有以下 3 点。

（1）支持快速和精确的搜索。

（2）支持自然语言查询和语音搜索。

（3）支持个性化推荐和智能问答。

5. 知识共享和协作工具（Knowledge Sharing and Collaboration Tools）

知识共享和协作工具是支持知识共享和团队协作的工具，如企业社交网络、协作平台、在线论坛等。

知识共享和协作工具的功能有以下 3 点。

（1）支持实时通信和协作。

（2）支持文档共享和共同编辑。

（3）提供社区和论坛，促进知识交流。

6. 知识应用工具（Knowledge Application Tools）

知识应用工具支持知识在实际工作中的应用，如决策支持系统、专家系统、智能助手等。

知识应用工具的功能有以下 3 点。

（1）提供基于知识的决策支持。

（2）支持自动化流程和任务管理。

（3）提供智能分析和建议。

2.7.3　知识管理系统的功能

以下对知识管理系统的功能进行介绍。

1. 知识创建与捕获

知识管理系统可以自动捕获和收集知识，支持知识的编辑和上传，也可通过用户贡献、数据挖掘和外部数据源获取知识。

2. 知识存储与组织

知识管理系统可以对结构化和非结构化知识进行统一存储和管理，也可进行知识分类、标签和元数据管理。

3. 知识检索与访问

知识管理系统可以支持高效的知识检索功能，包括全文搜索和高级搜索，也可进行个性化的知识推荐和智能问答。

4. 知识共享与协作

知识管理系统可以支持知识的发布和共享，促进团队协作，也可进行在线讨论和知识交流，建立知识社区。

5. 知识应用与创新

知识管理系统可以支持知识在实际业务中的应用，也可促进创新，通过知识的组合和重用创造新价值。

2.7.4　知识管理系统的应用案例

以下对知识管理系统的应用案例进行介绍。

1. 企业知识管理

知识管理系统可以帮助企业收集和管理内部知识，提高员工的技能和效率，支持创新和决策。

例如，某大型制造企业通过知识管理系统，集中管理技术文档、生产流程，提高了生产效率和产品质量。

2. 教育和研究机构

知识管理系统可以支持教育资源的共享和管理，促进学术交流和研究合作。

例如，某大学通过知识管理系统，将课程资料、研究论文和教学视频集中存储，方便师生查阅和学习。

3. 医疗保健

知识管理系统可以管理和共享医学知识，支持临床决策和患者护理。

例如，某医院通过知识管理系统，存储和共享最新的医学研究成果和临床指南，帮助医生在诊疗过程中快速获取相关信息。

4. 政府和公共部门

知识管理系统可以提高公共服务质量，促进知识共享和协作。

例如，某城市政府通过知识管理系统，管理和共享城市规划、公共安全和市民服务相关的知识，提高了政府工作的透明度和效率。

2.7.5　知识管理系统的挑战和解决方案

知识管理系统面临的挑战有以下几点。

(1)知识获取难度：如何高效捕获和整合知识。

(2)知识更新和维护：保持知识库的最新和准确。

(3)用户接受度：促进用户主动分享和使用知识。

(4)数据安全和隐私：保护知识数据的安全和隐私。

目前的解决方案有以下几点。

(1)技术手段：使用人工智能和自动化工具提高知识捕获和更新效率。

(2)管理策略：实施激励措施，鼓励员工参与知识管理。

(3)培训和支持：提供培训和技术支持，提升用户的技能和接受度。

(4)安全措施：实施严格的数据安全和隐私保护措施。

2.8　案例分析

在本节中，将通过实际案例来深入理解知识表示的方法和应用。

2.8.1　传教士和野人问题

传教士和野人问题是一个经典的逻辑和人工智能问题。在一条河的左岸有 3 个传教士和 3 个野人，他们要通过一条小船到达河的右岸。小船每次最多只能载 2 个人。在任何时候，如果在一边的野人数目多于传教士数目，野人就会吃掉传教士。如何安排过河方式，使传教士和野人都安全过河。以下对问题进行分析。

初始状态：

左岸有 3 个传教士，3 个野人；

右岸有 0 个传教士，0 个野人；

小船在左岸。

目标状态：

左岸有 0 个传教士，0 个野人；

右岸有 3 个传教士，3 个野人；

小船在右岸。

为了表示问题的状态，可以用一个三元组 (M, C, B) 来表示，其中：

M 表示左岸上的传教士人数；

C 表示左岸上的野人数；

B 表示小船的位置(左岸月 0 表示，右岸用 1 表示)。

例如，初始状态可以表示为 $(3, 3, 0)$。

若一个状态是合法的，则当且仅当满足以下条件时成立：

(1)在任意一岸，传教士人数不少于野人数，除非该岸上没有传教士；

(2)人数不能为负数或超过原始人数。

合法动作包括下列情况：

一次过河 2 个传教士（$2M$, $0C$）；

一次过河 2 个野人（$0M$, $2C$）；

一次过河 1 个传教士和 1 个野人（$1M$, $1C$）；

一次过河 1 个传教士（$1M$, $0C$）；

一次过河 1 个野人（$0M$, $1C$）。

为了求解这个问题，可以使用广度优先搜索（BFS）或深度优先搜索（DFS）来遍历所有可能的状态，找到从初始状态到目标状态的合法路径。

广度优先搜索示例如下。

初始状态：（3, 3, 0）。

过河 2 个野人到右岸：（3, 1, 1）。

返回 1 个野人到左岸：（3, 2, 0）。

过河 2 个野人到右岸：（3, 0, 1）。

返回 1 个野人到左岸：（3, 1, 0）。

过河 2 个传教士到右岸：（1, 1, 1）。

返回 1 个传教士和 1 个野人到左岸：（2, 2, 0）。

过河 2 个传教士到右岸：（0, 2, 1）。

返回 1 个野人到左岸：（0, 3, 0）。

过河 2 个野人到右岸：（0, 1, 1）。

返回 1 个野人到左岸：（0, 2, 0）。

过河 2 个野人到右岸：（0, 0, 1）。

最终状态：（0, 0, 1）。

传教士和野人问题的 Python 示例如图 2-12 所示。

```python
from collections import deque

def is_valid_state(m, c):
    if m < 0 or c < 0 or m > 3 or c > 3:
        return False
    if m > 0 and m < c:
        return False
    if 3 - m > 0 and 3 - m < 3 - c:
        return False
    return True

def bfs():
    initial_state = (3, 3, 0)
    goal_state = (0, 0, 1)
    queue = deque([(initial_state, [])])
    visited = set()
    visited.add(initial_state)

    while queue:
        (m, c, b), path = queue.popleft()

        if (m, c, b) == goal_state:
            return path
```

图 2-12　传教士和野人问题的 Python 示例

```
        for dm, dc in [(2, 0), (0, 2), (1, 1), (1, 0), (0, 1)]:
            if b == 0:  # Boat on the left bank
                new_state = (m - dm, c - dc, 1)
            else:  # Boat on the right bank
                new_state = (m + dm, c + dc, 0)

            if is_valid_state(new_state[0], new_state[1]) and new_state not in visited:
                visited.add(new_state)
                queue.append((new_state, path + [new_state]))

    return None

path = bfs()
if path:
    for state in path:
        print(state)
else:
    print("No solution found.")
```

图 2-12　传教士和野人问题的 Python 示例（续）

2.8.2　量水问题

量水问题是一个经典的逻辑和数学问题。给定两个空水壶，容量分别为 4 L 和 3 L，无其他测量工具，如何利用这两个水壶精确量出 2 L 水？

用一个二元组 (x, y) 表示当前状态，其中 x 表示 4 L 水壶中的水量，y 表示 3 L 水壶中的水量。

初始状态：

$(0, 0)$ 表示两个水壶都为空。

目标状态：

$(2, *)$ 或 $(*, 2)$ 表示其中一个水壶有 2 L 水（ $*$ 表示任何值）。

允许下列操作：

（1）将一个水壶装满；

（2）将一个水壶倒空；

（3）将一个水壶中的水倒入另一个水壶，直到前者倒空或后者装满为止。

以下是合法操作。

将 4 L 水壶装满：$(x, y) \rightarrow (4, y)$。

将 3 L 水壶装满：$(x, y) \rightarrow (x, 3)$。

将 4 L 水壶倒空：$(x, y) \rightarrow (0, y)$。

将 3 L 水壶倒空：$(x, y) \rightarrow (x, 0)$。

将 4 L 水壶中的水倒入 3 L 水壶：$(x, y) \rightarrow (x - \min(x, 3 - y), y + \min(x, 3 - y))$。

将 3 L 水壶中的水倒入 4 L 水壶：$(x, y) \rightarrow (x + \min(y, 4 - x), y - \min(y, 4 - x))$。

求解方法：可以使用广度优先搜索来遍历所有可能的状态，找到从初始状态到目标状态的合法路径。

广度优先搜索示例如下。

初始状态：$(0, 0)$。

将 4 L 水壶装满：$(4, 0)$。

将 4 L 水壶的水倒入 3 L 水壶：（1，3）。

将 3 L 水壶倒空：（1，0）。

将 4 L 水壶的水倒入 3 L 水壶：（0，1）。

将 4 L 水壶装满：（4，1）。

将 4 L 水壶的水倒入 3 L 水壶：（2，3）。

最终状态：（2，3）。

量水问题的 Python 示例如图 2-13 所示。

```python
from collections import deque

def bfs():
    initial_state = (0, 0)
    goal_states = [(2, y) for y in range(4)] + [(x, 2) for x in range(5)]
    queue = deque([(initial_state, [])])
    visited = set()
    visited.add(initial_state)

    while queue:
        (x, y), path = queue.popleft()

        if (x, y) in goal_states:
            return path

        next_states = [
            (4, y),  # Fill 4L jug
            (x, 3),  # Fill 3L jug
            (0, y),  # Empty 4L jug
            (x, 0),  # Empty 3L jug
            (x - min(x, 3 - y), y + min(x, 3 - y)),  # Pour 4L into 3L
            (x + min(y, 4 - x), y - min(y, 4 - x))   # Pour 3L into 4L
        ]

        for state in next_states:
            if state not in visited:
                visited.add(state)
                queue.append((state, path + [state]))

    return None

path = bfs()
if path:
    for state in path:
        print(state)
else:
    print("No solution found.")
```

图 2-13　量水问题的 Python 示例

2.8.3　汉诺塔问题

问题描述：汉诺塔问题是一个经典的递归问题。有 3 根柱子 A、B、C，A 柱上有 n 个盘子，从上到下按从小到大的顺序排列。要求将 A 柱上的所有盘子移动到 C 柱，每次只能移动 1 个盘子，并且在移动过程中，任何时刻都不能把大盘子放在小盘子上面。

初始状态：

所有盘子都在 A 柱上。

目标状态：

所有盘子都移动到 C 柱。

将 n 个盘子从 A 柱移动到 C 柱，可以分解为 3 个步骤：

(1) 将前 $n-1$ 个盘子从 A 柱移动到 B 柱；

(2) 将第 n 个盘子从 A 柱移动到 C 柱；

(3) 将 $n-1$ 个盘子从 B 柱移动到 C 柱。

汉诺塔问题递归实现的 Python 示例如图 2-14 所示。

```python
def hanoi(n, source, target, auxiliary):
    if n == 1:
        print(f"Move disk 1 from {source} to {target}")
    else:
        hanoi(n - 1, source, auxiliary, target)
        print(f"Move disk {n} from {source} to {target}")
        hanoi(n - 1, auxiliary, target, source)

# 调用示例，移动3个盘子从A柱到C柱
hanoi(3, 'A', 'C', 'B')
```

图 2-14　汉诺塔问题递归实现的 Python 示例

递归过程解析如下。

当 $n=1$ 时，直接将盘子从 A 柱移动到 C 柱。

当 $n>1$ 时，首先将前 $n-1$ 个盘子从 A 柱移动到 B 柱，然后将第 n 个盘子从 A 柱移动到 C 柱，最后将前 $n-1$ 个盘子从 B 柱移动到 C 柱。

解决步骤示例 ($n=3$) 如下。

(1) 将前 2 个盘子从 A 柱移动到 B 柱。

(2) 将第 3 个盘子从 A 柱移动到 C 柱。

(3) 将前 2 个盘子从 B 柱移动到 C 柱。

汉诺塔问题的最终状态如图 2-15 所示。

```
Move disk 1 from A to C
Move disk 2 from A to B
Move disk 1 from C to B
Move disk 3 from A to C
Move disk 1 from B to A
Move disk 2 from B to C
Move disk 1 from A to C
```

图 2-15　汉诺塔问题的最终状态

2.8.4　基于逻辑的财务顾问

基于逻辑的财务顾问系统是一种应用人工智能和知识表示技术，为用户提供财务建议和决策支持的系统。该系统使用逻辑规则来分析用户的财务状况，并生成相应的建议。

系统的知识库包含各种财务规则和用户的财务数据。每条规则由前提（if-part）和结论（then-part）组成。例如，

（1）如果用户的储蓄率低于10%，建议增加储蓄；

（2）如果用户的债务收入比高于40%，建议减少债务；

（3）如果用户的风险承受能力高，建议投资高收益股票。

可用逻辑规则表示财务顾问的知识。规则形式为"如果条件 A 成立，那么执行建议 B"。

基于逻辑的财务顾问描述如图 2-16 所示。

规则1：
IF 储蓄率 < 10%
THEN 建议：增加储蓄

规则2：
IF 债务收入比 > 40%
THEN 建议：减少债务

规则3：
IF 风险承受能力 = 高
THEN 建议：投资高收益股票

图 2-16　基于逻辑的财务顾问描述

推理过程为：

（1）从用户输入的数据中提取当前财务状态；

（2）根据知识库中的规则进行匹配，找出所有适用的规则；

（3）根据匹配的规则生成财务建议。

以下为示例。

假设用户的财务数据为：

储蓄率8%；

债务收入比45%；

风险承受能力高。

推理过程为：

（1）检查储蓄率规则，发现 8% < 10%，匹配规则 1，建议增加储蓄；

（2）检查债务收入比规则，发现 45% > 40%，匹配规则 2，建议减少债务；

（3）检查风险承受能力规则，发现用户的风险承受能力为高，匹配规则 3，建议投资高收益股票。

基于逻辑的财务顾问的 Python 示例如图 2-17 所示。

```
def financial_advisor(financial_data):
    advice = []
    if financial_data['savings_rate'] < 10:
        advice.append("建议：增加储蓄")
    if financial_data['debt_to_income_ratio'] > 40:
        advice.append("建议：减少债务")
    if financial_data['risk_tolerance'] == '高':
        advice.append("建议：投资高收益股票")
    return advice


# 示例用户数据
user_data = {
    'savings_rate': 8,
    'debt_to_income_ratio': 45,
    'risk_tolerance': '高'
}


advice = financial_advisor(user_data)
for suggestion in advice:
    print(suggestion)
```

图 2-17　基于逻辑的财务顾问的 Python 示例

2.8.5　电路领域的知识工程

在电路设计和分析中，知识工程技术广泛应用于设计自动化、故障诊断和优化。电路领域的知识工程通过构建电路元件、连接关系和行为规则的知识库，帮助工程师进行电路设计和分析。这种方法通过知识库将电路元件的属性、连接关系、行为规则等结构化信息统一表示，并通过自动推理技术支持电路的自动设计和分析。

知识工程技术在电路领域通常通过框架或本体表示电路元件及其属性、连接关系。每个电路元件如电阻、电容、电感等，可以通过属性来描述其电气特性，并通过连接关系来描述电路中元件之间的交互。这种表示可以有效地帮助系统识别电路的结构，进而进行分析和优化。

电阻（Resistor）示例框架如下。

属性：

阻值（Resistance）；

功率（Power）。

行为：

依据欧姆定律 $U = IR$，可以计算电阻的电压与电流的关系。

电路连接关系如下。

连接（Connected To）：表示电路元件之间的连接关系。

流过(Current Flow)：表示电流在电路中的流动路径。

电路连接关系示例如图 2-18 所示，一个简单的电路包括一个电源、一个电阻和一个电容。

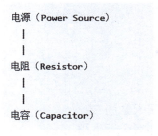

图 2-18　电路连接关系示例

推理过程为：

(1) 从知识库中提取电路元件及其属性；

(2) 根据连接关系构建电路模型；

(3) 使用电路分析规则(如欧姆定律、基尔霍夫定律)进行分析，计算电路参数。

电路连接的 Python 示例如图 2-19 所示。

```python
class CircuitComponent:
    def __init__(self, name):
        self.name = name
        self.connections = []

    def connect(self, component):
        self.connections.append(component)
        component.connections.append(self)

class Resistor(CircuitComponent):
    def __init__(self, name, resistance):
        super().__init__(name)
        self.resistance = resistance

class Capacitor(CircuitComponent):
    def __init__(self, name, capacitance):
        super().__init__(name)
        self.capacitance = capacitance

class PowerSource(CircuitComponent):
    def __init__(self, name, voltage):
        super().__init__(name)
        self.voltage = voltage

# 示例电路构建
power = PowerSource("Power", 5)
resistor = Resistor("Resistor", 100)
capacitor = Capacitor("Capacitor", 0.01)

power.connect(resistor)
resistor.connect(capacitor)

# 输出电路连接关系
for component in [power, resistor, capacitor]:
    print(f"{component.name} is connected to {[c.name for c in component.connections]}")
```

图 2-19　电路连接的 Python 示例

2.9　练习与思考

1. 写出下列命题的真值表。

（1）$(A \land B) \lor \neg C$。

（2）$(A \to B) \land (B \to C)$。

2. 判断下列命题的真假。

（1）如果今天是周一，那么明天是周二。

（2）如果太阳从西边升起，那么今天下雨。

3. 用谓词逻辑表达以下语句。

（1）所有的学生都是勤奋的。

（2）有些书是有趣的。

（3）如果一个人是老师，那么他会教书。

4. 判断下列谓词逻辑公式的真假。

（1）$\forall x (P(x) \to Q(x))$，其中 $P(x)$ 表示"x 是学生"，$Q(x)$ 表示"x 努力学习"。

（2）$\exists y R(x, y)$，其中 $R(x, y)$ 表示"x 喜欢 y"。

5. 使用演绎推理得出以下结论。

（1）所有哺乳动物都会呼吸。鲸鱼是哺乳动物，得出结论：＿＿＿＿＿＿＿＿＿＿＿。

（2）如果今天下雨，那么我会带伞。今天下雨，得出结论：＿＿＿＿＿＿＿＿＿＿＿。

6. 判断下列推理是否正确：

（1）前提：所有学生都喜欢数学。李华是学生，结论：李华喜欢数学。

（2）前提：如果今天是周六，那么商店开门。今天是周六，结论：商店开门。

7. 编写两个产生式规则，分别描述在温度高和温度低时采取的措施。

8. 解释推理引擎在产生式系统中的作用。

9. 比较产生式系统与其他知识表示方法的优缺点。

10. 比较框架表示和语义网络的优缺点。

11. 用本体论表示一个小型家庭树，包括父母和子女关系。

12. 设计一个模糊逻辑规则，描述天气和出行方式之间的关系。

13. 用贝叶斯网络表示一个简单的病因诊断模型，包括疾病和症状。

14. 解释知识管理系统的主要目标和功能。

15. 描述知识管理系统的组成部分及其作用。

16. 提出三个知识管理系统在企业中的应用案例，并分析其效果。

17. 针对知识管理系统面临的挑战，提出解决方案。

18. 用另一种搜索算法（如深度优先搜索）解决传教士和野人问题，并分析其效率。

19. 思考并描述如何将传教士和野人问题扩展到更复杂的情境，如增加更多的角色或增加新的限制条件。

20. 用深度优先搜索解决量水问题，并分析其效率。

21. 修改量水问题的描述，假设水壶的容量分别为 5 L 和 2 L，目标是量出 3 L 水，重新求解问题。

22. 思考并描述如何将量水问题扩展到更多的水壶或其他容量组合的情况。

23. 用非递归方法（如使用栈）解决汉诺塔问题。

24. 修改汉诺塔问题的描述，假设有 4 根柱子，重新求解问题。

25. 思考并描述如何优化汉诺塔问题的解法，使其在更多柱子和盘子的情况下更加高效。

本章参考文献

［1］RUSSELL S J，NORVIG P. 人工智能：一种现代方法［M］. 3 版. 北京：机械工业出版社，2016.

［2］CORMEN T H，LEISERSON C E，RIVEST R L，et al. 算法导论［M］. 北京：机械工业出版社，2013.

［3］WEISS M A. 数据结构与算法分析［M］. 北京：机械工业出版社，2012.

第 3 章　搜索算法

本章重点

(1)理解无信息搜索(盲目搜索)的工作原理与应用。
(2)了解启发式搜索及其在复杂问题中的优势。
(3)理解约束满足问题及其求解方法。
(4)掌握博弈树搜索的基本原理及其在决策问题中的应用。

本章难点

(1)启发式搜索中的启发函数设计与评估。
(2)约束满足问题中的搜索优化和回溯算法。
(3)博弈树搜索中剪枝算法的理解与应用,特别是 $\alpha-\beta$ 剪枝的复杂性。
(4)复杂问题中的搜索算法效率优化与状态空间的有效探索。

学习目标

(1)理解搜索算法的基本原理,并能区分无信息搜索与启发式搜索的不同应用场景。
(2)掌握常见无信息搜索算法(如深度优先搜索、广度优先搜索)的概念与实现。
(3)掌握启发式搜索(如 A^* 搜索)的工作原理,并能设计合适的启发式函数。
(4)了解约束满足问题的定义及求解策略,能够应用搜索算法解决约束满足问题。
(5)理解博弈树搜索的机制,掌握在双人对弈问题中应用的搜索技术(如 $\alpha-\beta$ 剪枝)。
(6)能够通过案例分析,灵活运用搜索算法解决实际问题。

搜索算法是人工智能领域的核心技术之一。无论是解决实际问题，还是在复杂系统中进行决策，搜索算法都扮演着不可或缺的角色。在计算机科学中，搜索算法旨在从一系列可能的状态中找到目标状态或最佳解，过程可以无信息搜索（盲目搜索），也可以利用问题的特定特征进行优化（启发式搜索）。此外，很多问题都涉及约束条件，这使得约束满足问题和搜索算法的结合成为一种有效的求解策略。

在本章中，将深入探讨几类经典的搜索算法，涵盖从无信息的盲目搜索到智能化的启发式搜索。还会研究博弈树搜索的原理，了解如何在对弈中应用搜索技术做出最优决策。通过多个案例分析，包括八皇后问题、洞穴探宝和五子棋等经典问题，读者将能学会如何将搜索算法应用于实际问题，并提升搜索效率。

3.1　搜索算法基础

搜索算法是人工智能和计算机科学中解决问题的重要方法。它通过系统地探索问题的状态空间，找到满足特定条件的解。搜索算法广泛应用于路径规划、游戏策略、问题求解等领域。

3.1.1　搜索问题的定义

搜索问题通常由初始状态、目标状态、状态空间和操作构成。
（1）初始状态：问题开始时的状态。
（2）目标状态：满足问题条件的状态。
（3）状态空间：所有可能状态的集合。
（4）操作：从一个状态转换到另一个状态的规则。
使用在迷宫中寻找出口的问题当作示例。
初始状态：迷宫的起点位置。
目标状态：迷宫的出口位置。
状态空间：迷宫中所有可能的位置。
操作：上下左右移动。

3.1.2　搜索算法的分类

搜索算法可以分为两大类：无信息搜索（盲目搜索）和启发式搜索（有信息搜索）。

1. 无信息搜索

无信息搜索可分为深度优先搜索和广度优先搜索。
（1）深度优先搜索：沿着树的深度遍历节点，尽可能深地搜索树的分支。
（2）广度优先搜索：从根节点开始，逐层遍历节点。

2. 启发式搜索

启发式搜索分为贪心搜索和 A^* 搜索。
（1）贪心搜索：基于启发式函数，每次选择最有希望的节点。
（2）A^* 搜索：结合代价和启发式函数，找到代价最小的路径。

3.1.3 深度优先搜索

深度优先搜索是一种用于遍历或搜索树或图的算法，尽可能深地搜索树的分支。

深度优先搜索的算法步骤为：

（1）从根节点开始，沿着当前分支深入访问节点，直到访问到叶子节点或无未访问的邻居节点为止；

（2）回溯到上一个节点，继续搜索其他未访问的分支；

（3）重复上述步骤，直到所有节点都被访问。

深度优先搜索的 Python 示例如图 3-1 所示。

```python
def dfs(graph, start):
    visited = set()
    stack = [start]

    while stack:
        vertex = stack.pop()
        if vertex not in visited:
            visited.add(vertex)
            for neighbor in graph[vertex]:
                if neighbor not in visited:
                    stack.append(neighbor)
    return visited

# 示例图表示
graph = {
    'A': ['B', 'C'],
    'B': ['D', 'E'],
    'C': ['F'],
    'D': [],
    'E': ['F'],
    'F': []
}

visited_nodes = dfs(graph, 'A')
print(visited_nodes)
```

图 3-1 深度优先搜索的 Python 示例

3.1.4 广度优先搜索

广度优先搜索是一种用于遍历或搜索树或图的算法，逐层遍历节点。

广度优先搜索的算法步骤为：

（1）从根节点开始，首先访问当前节点的所有邻居节点；

（2）再访问这些邻居节点的所有邻居节点；

（3）重复上述步骤，直到所有节点都被访问。

广度优先搜索的 Python 示例如图 3-2 所示。

```python
from collections import deque

def bfs(graph, start):
    visited = set()
    queue = deque([start])

    while queue:
        vertex = queue.popleft()
        if vertex not in visited:
            visited.add(vertex)
            for neighbor in graph[vertex]:
                if neighbor not in visited:
                    queue.append(neighbor)
    return visited

# 示例图表示
graph = {
    'A': ['B', 'C'],
    'B': ['D', 'E'],
    'C': ['F'],
    'D': [],
    'E': ['F'],
    'F': []
}

visited_nodes = bfs(graph, 'A')
print(visited_nodes)
```

图 3-2　广度优先搜索的 Python 示例

3.1.5　贪心搜索

贪心搜索是一种启发式搜索算法，每次选择当前最优的节点。
贪心搜索的算法步骤为：
（1）从初始节点开始，将其添加到路径中；
（2）在每一步中，根据启发式函数选择一个最优节点；
（3）继续搜索，直到达到目标状态或没有可选节点为止。
贪心搜索的 Python 示例如图 3-3 所示。

```python
from heapq import heappop, heappush

def a_star(graph, start, goal, h):
    open_list = []
    heappush(open_list, (0 + h(start), start))
    came_from = {}
    g_score = {start: 0}

    while open_list:
        _, current = heappop(open_list)

        if current == goal:
            path = []
            while current in came_from:
                path.append(current)
                current = came_from[current]
            path.append(start)
            return path[::-1]

        for neighbor, cost in graph[current].items():
            tentative_g_score = g_score[current] + cost
            if neighbor not in g_score or tentative_g_score < g_score[neighbor]:
                came_from[neighbor] = current
                g_score[neighbor] = tentative_g_score
                f_score = tentative_g_score + h(neighbor)
                heappush(open_list, (f_score, neighbor))

    return None

# 示例图表示和启发式函数
graph = {
    'A': {'B': 1, 'C': 3},
    'B': {'D': 1, 'E': 3},
    'C': {'F': 5},
    'D': {},
    'E': {'F': 1},
    'F': {}
}

def heuristic(n):
    H = {
        'A': 6,
        'B': 4,
        'C': 4,
        'D': 2,
        'E': 2,
        'F': 0
    }
    return H[n]

path = a_star(graph, 'A', 'F', heuristic)
print(path)
```

图 3-3　贪心搜索的 Python 示例

3.1.6　A* 搜索

A* 搜索是一种广泛使用的启发式搜索算法，结合了代价和启发式函数。

A* 搜索的算法步骤为：

(1)从初始节点开始，将其添加到开放列表；

(2)在每一步中，从开放列表中选择代价最小的节点；

(3)计算邻居节点的代价，将其添加到开放列表；

(4)继续搜索，直到找到目标节点或开放列表为空。

A* 搜索的 Python 示例如图 3-4 所示。

```python
import heapq

def a_star(start, goal, graph, heuristic):
    open_list = [(0, start)]
    g_score = {start: 0}
    came_from = {}

    while open_list:
        _, current = heapq.heappop(open_list)
        if current == goal:
            path = []
            while current in came_from:
                path.append(current)
                current = came_from[current]
            return path[::-1] + [goal]

        for neighbor, cost in graph[current]:
            g = g_score[current] + cost
            if g < g_score.get(neighbor, float('inf')):
                came_from[neighbor] = current
                g_score[neighbor] = g
                heapq.heappush(open_list, (g + heuristic(neighbor, goal), neighbor))

    return []

def heuristic(a, b):
    return abs(a[0] - b[0]) + abs(a[1] - b[1])

# 示例
graph = {
    (0, 0): [((0, 1), 1), ((1, 0), 1)],
    (0, 1): [((0, 0), 1), ((1, 1), 1), ((0, 2), 1)],
    (1, 0): [((0, 0), 1), ((1, 1), 1)],
    (1, 1): [((0, 1), 1), ((1, 0), 1), ((1, 2), 1)],
    (0, 2): [((0, 1), 1)],
    (1, 2): [((1, 1), 1)]
}

print("Path:", a_star((0, 0), (1, 2), graph, heuristic))
```

图 3-4　A* 搜索的 Python 示例

3.2 无信息搜索策略

无信息搜索策略(Uninformed Search Strategies),也称为盲目搜索策略,是指在搜索过程中没有使用任何有关目标的额外信息。无信息搜索策略仅依靠问题本身提供的信息进行状态空间的遍历,寻找解决方案。常见的无信息搜索策略包括均值代价搜索和双向搜索。

3.2.1 均值代价搜索

均值代价搜索(Uniform-Cost Search)是一种扩展的广度优先搜索,考虑每一步操作的代价,优先扩展总代价最低的节点。

均值代价搜索的算法步骤为:

(1)从根节点开始,将其添加到优先级队列中,初始代价为0;

(2)每次从优先级队列中取出代价最低的节点进行扩展;

(3)计算扩展节点的总代价,并将其子节点加入优先级队列;

(4)重复上述步骤,直到找到目标节点。

其优点是:

(1)能找到最优解(最小代价路径);

(2)考虑操作代价,比普通广度优先搜索更灵活。

其缺点是:

(1)内存消耗大,需要存储所有已访问的节点和将要访问的节点;

(2)对于大规模问题,计算复杂度高。

均值代价搜索的 Python 示例如图 3-5 所示。

```python
import heapq

def uniform_cost_search(graph, start, goal):
    priority_queue = [(0, start)]
    visited = set()
    costs = {start: 0}

    while priority_queue:
        current_cost, current_node = heapq.heappop(priority_queue)

        if current_node == goal:
            return current_cost

        if current_node not in visited:
            visited.add(current_node)
            for neighbor, cost in graph[current_node].items():
                total_cost = current_cost + cost
                if neighbor not in costs or total_cost < costs[neighbor]:
```

图 3-5 均值代价搜索的 Python 示例

```
                    costs[neighbor] = total_cost
                    heapq.heappush(priority_queue, (total_cost, neighbor))

        return float('inf')


# 示例图表示
graph = {
    'A': {'B': 1, 'C': 4},
    'B': {'D': 2, 'E': 5},
    'C': {'F': 3},
    'D': {},
    'E': {'F': 1},
    'F': {}
}


min_cost = uniform_cost_search(graph, 'A', 'F')
print(min_cost)
```

图 3-5　均值代价搜索的 Python 示例(续)

3.2.2　双向搜索

双向搜索(Bidirectional Search)是一种同时从初始状态和目标状态开始搜索的算法,期望在中间相遇,从而减小搜索空间。

双向搜索的算法步骤为:

(1)从初始状态和目标状态分别开始进行搜索;

(2)交替扩展两个搜索树;

(3)当两个搜索树相遇时,合并路径得到解。

其优点是:

(1)可以显著减小搜索空间,提高搜索效率;

(2)适用于初始状态和目标状态明确的情况。

其缺点是:

(1)需要处理两个搜索树的同步和相遇检测;

(2)需要额外的内存来存储两个搜索树。

双向搜索的 Python 示例如图 3-6 所示。

```
from collections import deque

def bidirectional_search(graph, start, goal):
    if start == goal:
        return [start]

    front_queue = deque([start])
    back_queue = deque([goal])
```

图 3-6　双向搜索的 Python 示例

```
        front_visited = {start: None}
        back_visited = {goal: None}

        while front_queue and back_queue:
            if intersecting_node := search_level(graph, front_queue, front_visited, back_visit
                return construct_path(intersecting_node, front_visited, back_visited)
            if intersecting_node := search_level(graph, back_queue, back_visited, front_visite
                return construct_path(intersecting_node, front_visited, back_visited)

        return None

    def search_level(graph, queue, visited_from_this_side, visited_from_other_side):
        current_node = queue.popleft()
        for neighbor in graph[current_node]:
            if neighbor not in visited_from_this_side:
                visited_from_this_side[neighbor] = current_node
                queue.append(neighbor)
                if neighbor in visited_from_other_side:
                    return neighbor
        return None

    def construct_path(intersecting_node, front_visited, back_visited):
        path = []
        node = intersecting_node
        while node:
            path.append(node)
            node = front_visited[node]
        path.reverse()
        node = back_visited[intersecting_node]
        while node:
            path.append(node)
            node = back_visited[node]
        return path

# 示例图表示
graph = {
    'A': ['B', 'C'],
    'B': ['D', 'E'],
    'C': ['F'],
    'D': [],
    'E': ['F'],
    'F': []
}

path = bidirectional_search(graph, 'A', 'F')
print(path)
```

图 3-6　双向搜索的 Python 示例(续)

3.3　约束满足问题

约束满足问题(Constraint Satisfaction Problem，CSP)是人工智能和计算机科学中的一个重要领域，涉及在给定的约束条件下寻找变量的取值组合，使所有约束都得到满足。约束满足问题广泛应用于调度、规划、设计和逻辑谜题等问题中。

3.3.1　约束满足问题的定义

一个约束满足问题由以下部分组成。

（1）变量（Variables）：表示问题中涉及的变量，如 X_1，X_2，$\cdots$，X_n。

（2）域（Domains）：每个变量的取值范围，如 D_1，D_2，$\cdots$，D_n，其中 D_i 是变量 X_i 的取值集合。

（3）约束（Constraints）：一组约束条件，表示变量之间必须满足的关系，如 C_1，C_2，$\cdots$，C_m。

约束满足问题的目标是找到变量的取值组合，使所有约束都得到满足。

下面以四色问题作为示例。

变量：区域 A，B，C，D。

域：{红，蓝，绿，黄}。

约束：相邻区域不能有相同颜色，即 $A \neq B$，$A \neq C$，$B \neq C$，$B \neq D$，$C \neq D$。

3.3.2　约束满足问题的表示

约束满足问题可分为图表示和元组表示。

（1）图表示：约束满足问题通常用图来表示，其中节点表示变量，边表示变量之间的约束关系。例如，四色问题的图表示如图 3-7 所示。

图 3-7　四色问题的图表示

（2）元组表示：每个约束可以用元组表示，如（A，B）表示 $A \neq B$。

3.3.3　约束满足问题的求解方法

常见的约束满足问题求解方法包括以下 3 种。

1. 回溯搜索（Backtracking Search）

回溯搜索是一种递归算法，通过尝试和撤销变量赋值来逐步寻找解。

回溯搜索的算法步骤为：

（1）从第一个变量开始，选择一个值进行赋值；

（2）检查当前赋值是否满足所有约束条件；

（3）如果满足，继续为下一个变量赋值，如果不满足，撤销当前赋值，尝试下一个值；

（4）重复上述步骤，直到找到一个满足所有约束的解或所有可能的赋值组合都已尝试。

回溯搜索的 Python 示例如图 3-8 所示。

```python
def backtracking_search(csp):
    def backtrack(assignment):
        if len(assignment) == len(csp['variables']):
            return assignment
        var = select_unassigned_variable(assignment, csp)
        for value in order_domain_values(var, assignment, csp):
            if is_consistent(var, value, assignment, csp):
                assignment[var] = value
                result = backtrack(assignment)
                if result is not None:
                    return result
                assignment.pop(var)
        return None

    return backtrack({})

# 示例CSP表示
csp = {
    'variables': ['A', 'B', 'C', 'D'],
    'domains': {
        'A': ['Red', 'Green', 'Blue', 'Yellow'],
        'B': ['Red', 'Green', 'Blue', 'Yellow'],
        'C': ['Red', 'Green', 'Blue', 'Yellow'],
        'D': ['Red', 'Green', 'Blue', 'Yellow']
    },
    'constraints': {
        ('A', 'B'): lambda a, b: a != b,
        ('A', 'C'): lambda a, c: a != c,
        ('B', 'C'): lambda b, c: b != c,
        ('B', 'D'): lambda b, d: b != d,
        ('C', 'D'): lambda c, d: c != d
    }
}

def select_unassigned_variable(assignment, csp):
    for var in csp['variables']:
        if var not in assignment:
            return var

def order_domain_values(var, assignment, csp):
    return csp['domains'][var]

def is_consistent(var, value, assignment, csp):
    for (x, y), constraint in csp['constraints'].items():
        if x == var and y in assignment and not constraint(value, assignment[y]):
            return False
        if y == var and x in assignment and not constraint(assignment[x], value):
            return False
    return True

solution = backtracking_search(csp)
print(solution)
```

图 3-8   回溯搜索的 Python 示例

2. 前向检查 (Forward Checking)

前向检查在每次为变量赋值后，更新其他未赋值变量的域，去除不可能的取值。

前向检查的算法步骤为：

(1) 每次为变量赋值后，检查其他未赋值变量的域，去除与当前赋值不一致的值；

(2) 如果某个变量的域为空，表示当前赋值不可行，撤销该赋值，尝试其他值；

(3) 重复上述步骤，直到找到一个满足所有约束的解或所有可能的赋值组合都已尝试。

前向检查的 Python 示例如图 3-9 所示。

```python
def ac3(csp):
    queue = [(x, y) for (x, y) in csp['constraints']]

    while queue:
        (x, y) = queue.pop(0)
        if revise(csp, x, y):
            if not csp['domains'][x]:
                return False
            for z in csp['variables']:
                if z != y:
                    queue.append((z, x))
    return True

def revise(csp, x, y):
    revised = False
    for value in csp['domains'][x][:]:
        if not any(csp['constraints'][(x, y)](value, other) for other in csp['domains'][y]
            csp['domains'][x].remove(value)
            revised = True
    return revised

# 示例CSP表示和AC-3算法调用
csp = {
    'variables': ['A', 'B', 'C', 'D'],
    'domains': {
        'A': ['Red', 'Green', 'Blue', 'Yellow'],
        'B': ['Red', 'Green', 'Blue', 'Yellow'],
        'C': ['Red', 'Green', 'Blue', 'Yellow'],
        'D': ['Red', 'Green', 'Blue', 'Yellow']
    },
    'constraints': {
        ('A', 'B'): lambda a, b: a != b,
        ('A', 'C'): lambda a, c: a != c,
        ('B', 'C'): lambda b, c: b != c,
        ('B', 'D'): lambda b, d: b != d,
        ('C', 'D'): lambda c, d: c != d
    }
}

ac3(csp)
print(csp['domains'])
```

图 3-9 前向检查的 Python 示例

3. 约束传播 (Constraint Propagation)

约束传播通过反复应用约束条件，进一步缩小变量的域。

约束传播的算法步骤为：

（1）初始时，所有变量的域为其初始取值范围；

（2）应用所有约束，更新变量的域；

（3）重复应用约束，直到变量的域不再变化；

（4）在每次为变量赋值后，重新应用约束传播，更新其他变量的域。

约束传播的 Python 示例如图 3-10 所示。

```python
def constraint_propagation(variables, domains, constraints):
    # 初始时，所有变量的域为其初始取值范围
    domains = {var: set(domains[var]) for var in variables}

    # 不断应用约束，缩小域
    def propagate():
        while True:
            updated = False
            for var in variables:
                for constraint in constraints[var]:
                    # 通过检查约束缩小变量域
                    new_domain = {val for val in domains[var] if constraint(val, domains)}
                    if new_domain != domains[var]:
                        domains[var] = new_domain
                        updated = True
            if not updated:
                break

    propagate()

    # 当赋值一个变量后，重新传播约束
    def assign(var, value):
        domains[var] = {value}
        propagate()

    return domains
```

图 3-10　约束传播的 Python 示例

3.4　博弈树搜索

博弈树搜索（Game Tree Search）是用于解决两人零和博弈（如国际象棋、围棋、井字棋等）的问题，通过构建和搜索博弈树，模拟玩家之间的对弈，从而找到最优策略。常见的博弈树搜索算法包括极小化极大算法（Minimax Algorithm）和 α-β 剪枝（Alpha-Beta Pruning）。

3.4.1　博弈树的定义

博弈树是一种树结构，其中每个节点表示一个游戏状态，每条边表示一个玩家的合法移动。树的根节点表示游戏的初始状态，叶节点表示游戏的终局状态。

节点类型：

(1)MAX 节点表示当前轮到我方(通常称为 MAX)行动的节点，MAX 试图最大化其收益。

(2)MIN 节点表示当前轮到对方(通常称为 MIN)行动的节点，MIN 试图最小化 MAX 的收益。

3.4.2　极小化极大算法

极小化极大算法是一种递归算法，通过模拟 MAX 和 MIN 的最佳策略，来选择当前最优的行动。

极小化极大算法的算法步骤为：

(1)对于每个节点，递归计算其子节点的极小化极大值；

(2)对于 MAX 节点，选择子节点中的最大值；

(3)对于 MIN 节点，选择子节点中的最小值；

(4)重复上述步骤，直到评估到根节点，根节点的值即为当前状态的极小化极大值。

极小化极大算法的 Python 示例如图 3-11 所示。

```python
def minimax(node, depth, maximizing_player):
    if depth == 0 or is_terminal(node):
        return evaluate(node)

    if maximizing_player:
        max_eval = float('-inf')
        for child in get_children(node):
            eval = minimax(child, depth - 1, False)
            max_eval = max(max_eval, eval)
        return max_eval
    else:
        min_eval = float('inf')
        for child in get_children(node):
            eval = minimax(child, depth - 1, True)
            min_eval = min(min_eval, eval)
        return min_eval


# 示例使用极小化极大算法
def evaluate(node):
    # 评估函数，返回节点的评估值
    pass


def get_children(node):
    # 返回当前节点的子节点
    pass


def is_terminal(node):
    # 判断当前节点是否为终局状态
    pass


initial_node = ...  # 初始游戏状态
best_value = minimax(initial_node, depth=3, maximizing_player=True)
print(best_value)
```

图 3-11　极小化极大算法的 Python 示例

其优点是能够找到最优策略，适用于所有零和博弈；缺点是计算复杂度高，对于复杂博弈树，搜索空间巨大。

3.4.3 α-β 剪枝

α-β 剪枝是一种改进的极小化极大算法，通过剪枝减小搜索空间，从而提高算法效率。

α-β 剪枝的算法步骤为：

(1)在递归搜索过程中，维护两个值：α(当前最佳选择的下界)和β(当前最佳选择的上界)；

(2)对于 MAX 节点，更新 α 值，对于 MIN 节点，更新 β 值；

(3)如果当前节点的值超出了 α 和 β 的范围，则停止进一步搜索(剪枝)；

(4)重复上述步骤，直到评估到根节点。

α-β 剪枝的 Python 示例如图 3-12 所示。

```python
def alpha_beta(node, depth, alpha, beta, maximizing_player):
    if depth == 0 or is_terminal(node):
        return evaluate(node)

    if maximizing_player:
        max_eval = float('-inf')
        for child in get_children(node):
            eval = alpha_beta(child, depth - 1, alpha, beta, False)
            max_eval = max(max_eval, eval)
            alpha = max(alpha, eval)
            if beta <= alpha:
                break  # β剪枝
        return max_eval
    else:
        min_eval = float('inf')
        for child in get_children(node):
            eval = alpha_beta(child, depth - 1, alpha, beta, True)
            min_eval = min(min_eval, eval)
            beta = min(beta, eval)
            if beta <= alpha:
                break  # α剪枝
        return min_eval

# 示例使用α-β剪枝
initial_node = ...  # 初始游戏状态
best_value = alpha_beta(initial_node, depth=3, alpha=float('-inf'), beta=float('inf'), max
print(best_value)
```

图 3-12　α-β 剪枝的 Python 示例

其优点是：

(1)能够在不影响结果的前提下，减小搜索空间，提高搜索效率；

(2)保证找到最优策略。

其缺点是：

仍然可能面临较高的计算复杂度，尤其是在复杂博弈中。

3.4.4 井字棋

井字棋是一个经典的两人零和博弈游戏，玩家轮流在 3×3 的棋盘上放置标记（X 或 O），先连成一条直线（三个标记连成一行、一列或一对角线）的一方获胜。

以下是对井字棋问题的分析。

初始状态：空棋盘。

MAX 节点：当前轮到 MAX(X) 行动。

MIN 节点：当前轮到 MIN(O) 行动。

终局状态：棋盘已满或一方获胜。

井字棋的 Python 示例如图 3-13 所示。

```python
def evaluate(board):
    # 检查所有行、列和对角线是否有三个相同的标记
    for row in board:
        if row[0] == row[1] == row[2] != ' ':
            return 1 if row[0] == 'X' else -1
    for col in range(3):
        if board[0][col] == board[1][col] == board[2][col] != ' ':
            return 1 if board[0][col] == 'X' else -1
    if board[0][0] == board[1][1] == board[2][2] != ' ':
        return 1 if board[0][0] == 'X' else -1
    if board[0][2] == board[1][1] == board[2][0] != ' ':
        return 1 if board[0][2] == 'X' else -1
    return 0  # 平局或未终局


def get_children(board, maximizing_player):
    children = []
    mark = 'X' if maximizing_player else 'O'
    for i in range(3):
        for j in range(3):
            if board[i][j] == ' ':
                new_board = [row[:] for row in board]
                new_board[i][j] = mark
                children.append(new_board)
    return children


def is_terminal(board):
    return evaluate(board) != 0 or all(board[i][j] != ' ' for i in range(3) for j in range


def print_board(board):
    for row in board:
        print(" | ".join(row))
        print("-" * 5)


# 初始棋盘状态
initial_board = [[' ' for _ in range(3)] for _ in range(3)]

best_value = alpha_beta(initial_board, depth=9, alpha=float('-inf'), beta=float('inf'), ma
print("最佳值: ", best_value)
```

图 3-13 井字棋的 Python 示例

3.5 案例分析

本节将通过三个经典问题的案例分析，详细介绍如何应用不同的搜索算法来解决实际问题。这三个问题分别是八皇后问题、洞穴探宝和五子棋。

3.5.1 八皇后问题

八皇后问题是一个经典的组合优化问题，要求在 8×8 的国际象棋棋盘上放置八个皇后，使得任意两个皇后都不能相互攻击（即不能在同一行、同一列或同一斜线上）。

此问题的状态表示如下。

变量：每一行的皇后位置。

域：每行的列位置（1~8）。

约束：任意两个皇后不在同一行、同一列或同一斜线上。

以下为此问题的求解方法。

1. 回溯搜索

八皇后问题回溯搜索的 Python 示例如图 3-14 所示。

```python
def is_safe(board, row, col):
    for i in range(row):
        if board[i] == col or \
           board[i] - i == col - row or \
           board[i] + i == col + row:
            return False
    return True


def solve_n_queens(n):
    def solve(board, row):
        if row == n:
            solutions.append(board[:])
            return
        for col in range(n):
            if is_safe(board, row, col):
                board[row] = col
                solve(board, row + 1)
                board[row] = -1

    solutions = []
    board = [-1] * n
    solve(board, 0)
    return solutions


# 求解八皇后问题
solutions = solve_n_queens(8)
print(f"共找到 {len(solutions)} 个解")
```

图 3-14 八皇后问题回溯搜索的 Python 示例

2. 约束满足问题

八皇后问题约束满足问题的 Python 示例如图 3-15 所示。

```python
def backtracking_search(csp):
    def backtrack(assignment):
        if len(assignment) == len(csp['variables']):
            return assignment
        var = select_unassigned_variable(assignment, csp)
        for value in order_domain_values(var, assignment, csp):
            if is_consistent(var, value, assignment, csp):
                assignment[var] = value
                result = backtrack(assignment)
                if result is not None:
                    return result
                assignment.pop(var)
        return None

    return backtrack({})


# 示例CSP表示
csp = {
    'variables': list(range(8)),
    'domains': {i: list(range(8)) for i in range(8)},
    'constraints': {i: [] for i in range(8)}
}

for i in range(8):
    for j in range(i + 1, 8):
        csp['constraints'][i].append((j, lambda a, b: a != b and abs(a - b) != j - i))

def select_unassigned_variable(assignment, csp):
    for var in csp['variables']:
        if var not in assignment:
            return var

def order_domain_values(var, assignment, csp):
    return csp['domains'][var]

def is_consistent(var, value, assignment, csp):
    for neighbor, constraint in csp['constraints'][var]:
        if neighbor in assignment and not constraint(value, assignment[neighbor]):
            return False
    return True

solution = backtracking_search(csp)
print(solution)
```

图 3-15　八皇后问题约束满足问题的 Python 示例

3.5.2　洞穴探宝

在一个迷宫状的洞穴中，探险者需要找到一条从起点到终点的路径，路径上可能会遇到障碍物、宝藏和陷阱。探险者需要避开障碍物和陷阱，尽可能收集宝藏。

此问题的状态表示如下。

变量：探险者的当前位置。

域：迷宫中的所有位置。

约束：探险者不能移动到障碍物和陷阱所在的位置。

以下为此问题的求解方法。

1. 广度优先搜索

洞穴探宝广度优先搜索的 Python 示例如图 3-16 所示。

```python
def bfs(maze, start, goal):
    queue = deque([start])
    visited = set()
    visited.add(start)
    parent = {start: None}

    while queue:
        current = queue.popleft()

        if current == goal:
            path = []
            while current:
                path.append(current)
                current = parent[current]
            return path[::-1]

        for direction in [(0, 1), (1, 0), (0, -1), (-1, 0)]:
            neighbor = (current[0] + direction[0], current[1] + direction[1])
            if maze[neighbor[0]][neighbor[1]] != '#' and neighbor not in visited:
                visited.add(neighbor)
                parent[neighbor] = current
                queue.append(neighbor)

    return None

# 示例迷宫表示
maze = [
    ['S', '.', '.', '#', '.', '.', '.'],
    ['.', '#', '.', '.', '.', '#', '.'],
    ['.', '#', '.', '.', '.', '.', '.'],
    ['.', '.', '#', '#', '.', '.', '.'],
    ['#', '.', '#', 'E', '.', '#', '.']
]

start = (0, 0)
goal = (4, 3)
path = bfs(maze, start, goal)
print(path)
```

图 3-16 洞穴探宝广度优先搜索的 Python 示例

2. A* 搜索

洞穴探宝 A* 搜索的 Python 示例如图 3-17 所示。

```python
from heapq import heappop, heappush

def heuristic(a, b):
    return abs(a[0] - b[0]) + abs(a[1] - b[1])

def a_star(maze, start, goal):
    open_list = []
    heappush(open_list, (0 + heuristic(start, goal), start))
    came_from = {}
    g_score = {start: 0}

    while open_list:
        _, current = heappop(open_list)

        if current == goal:
            path = []
            while current in came_from:
                path.append(current)
                current = came_from[current]
            path.append(start)
            return path[::-1]

        for direction in [(0, 1), (1, 0), (0, -1), (-1, 0)]:
            neighbor = (current[0] + direction[0], current[1] + direction[1])
            if maze[neighbor[0]][neighbor[1]] != '#':
                tentative_g_score = g_score[current] + 1
                if neighbor not in g_score or tentative_g_score < g_score[neighbor]:
                    came_from[neighbor] = current
                    g_score[neighbor] = tentative_g_score
                    f_score = tentative_g_score + heuristic(neighbor, goal)
                    heappush(open_list, (f_score, neighbor))

    return None

# 示例迷宫表示
maze = [
    ['S', '.', '.', '#', '.', '.', '.'],
    ['.', '#', '.', '.', '.', '#', '.'],
    ['.', '#', '.', '.', '.', '.', '.'],
    ['.', '.', '#', '#', '.', '.', '.'],
    ['#', '.', '#', 'E', '.', '#', '.']
]

start = (0, 0)
goal = (4, 3)
path = a_star(maze, start, goal)
print(path)
```

图 3-17　洞穴探宝 A* 搜索的 Python 示例

3.5.3　五子棋

五子棋是一种在 19×19 的棋盘上进行的两人零和博弈游戏，玩家轮流放置黑白棋子，先在横线、竖线或斜线上连成五子的玩家获胜。

此问题的状态表示如下。

变量：棋盘上的每一个位置。

域：黑子、白子或空。

约束：玩家不能在已经有棋子的地方放置棋子。

极小化极大算法和 α-β 剪枝。

五子棋的 Python 示例如图 3-18 所示。

```python
def evaluate(board):
    # 简单评估函数，根据当前棋盘状态评估得分
    pass


def get_children(board, maximizing_player):
    children = []
    mark = 'X' if maximizing_player else 'O'
    for i in range(19):
        for j in range(19):
            if board[i][j] == ' ':
                new_board = [row[:] for row in board]
                new_board[i][j] = mark
                children.append(new_board)
    return children


def is_terminal(board):
    # 判断当前棋盘是否为终局状态
    pass


def minimax(board, depth, maximizing_player):
    if depth == 0 or is_terminal(board):
        return evaluate(board)

    if maximizing_player:
        max_eval = float('-inf')
        for child in get_children(board, maximizing_player):
            eval = minimax(child, depth - 1, False)
            max_eval = max(max_eval, eval)
        return max_eval
    else:
        min_eval = float('inf')
        for child in get_children(board, maximizing_player):
            eval = minimax(child, depth - 1, True)
            min_eval = min(min_eval, eval)
        return min_eval

def alpha_beta(board, depth, alpha, beta, maximizing_player):
    if depth == 0 or is_terminal(board):
        return evaluate(board)
```

图 3-18　五子棋的 Python 示例

```
    if maximizing_player:
        max_eval = float('-inf')
        for child in get_children(board, maximizing_player):
            eval = alpha_beta(child, depth - 1, alpha, beta, False)
            max_eval = max(max_eval, eval)
            alpha = max(alpha, eval)
            if beta <= alpha:
                break  # β剪枝
        return max_eval
    else:
        min_eval = float('inf')
        for child in get_children(board, maximizing_player):
            eval = alpha_beta(child, depth - 1, alpha, beta, True)
            min_eval = min(min_eval, eval)
            beta = min(beta, eval)
            if beta <= alpha:
                break  # α剪枝
        return min_eval

# 初始棋盘状态
initial_board = [[' ' for _ in range(19)] for _ in range(19)]

best_value = alpha_beta(initial_board, depth=3, alpha=float('-inf'), beta=float('inf'), ma
print("最佳值: ", best_value)
```

图 3-18　五子棋的 Python 示例(续)

3.6　练习与思考

1. 使用深度优先搜索和广度优先搜索解决迷宫问题，比较两种算法的效率和适用场景。

2. 设计一个贪心搜索算法，用于解决最短路径问题。

3. 修改 A* 搜索的 Python 程序，使之适应不同的启发式函数，并测试其在不同场景下的性能。

4. 使用深度优先搜索和广度优先搜索解决迷宫问题，并比较它们的优缺点。

5. 设计一个均值代价搜索算法，用于解决带权图的最短路径问题。

6. 设计一个双向搜索算法，用于寻找两个社交网络用户之间的最短关系路径。

7. 使用回溯搜索解决八皇后问题，比较不同变量选择和值排序策略的效果。

8. 将前向检查与回溯搜索结合，用于解决数独问题。

9. 设计一个约束传播算法，应用于课堂排课问题，确保没有冲突。

10. 使用极小化极大算法和 α-β 剪枝解决井字棋问题，并比较它们的性能。

11. 设计一个简单的国际象棋 AI，使用 α-β 剪枝优化搜索过程。

12. 针对不同复杂度的博弈问题，分析和比较极小化极大算法和 α-β 剪枝的优缺点。

13. 设计一个简单的五子棋 AI，使用极小化极大算法和 α-β 剪枝优化搜索过程。

本章参考文献

［1］王珏，王运丽. 人工智能及其应用［M］. 2 版. 北京：清华大学出版社，2019.

［2］吴天德，李丽. 人工智能导论［M］. 3 版. 北京：清华大学出版社，2015.

［3］胡事民，孙永强. 人工智能：搜索与推理［M］. 北京：科学出版社，2012.

第 4 章 高级搜索技术

本章重点

(1)掌握高级搜索技术的基本概念与工作原理。
(2)了解爬山法的局限性及其在优化问题中的应用。
(3)理解模拟退火算法及其解决局部最优问题的能力。
(4)掌握遗传算法的原理和应用,特别是适应度函数和进化操作的设计。
(5)比较不同高级搜索技术的优缺点及其适用场景。

本章难点

(1)爬山法的局部最优问题及应对策略。
(2)模拟退火算法中温度控制函数的设计及其对算法性能的影响。
(3)遗传算法中的适应度函数设计、交叉和变异操作的调优。
(4)旅行商问题的复杂性及其在不同搜索算法中的求解效率比较。

学习目标

(1)理解爬山法、模拟退火算法和遗传算法的基本原理,并能够根据具体问题选择合适的算法。
(2)掌握爬山法的实现及其在解决优化问题中的应用。
(3)理解模拟退火算法的温度下降机制,并能将其应用于解决旅行商问题等复杂优化问题。
(4)掌握遗传算法的关键概念,如选择、交叉、变异等操作,并能够使用遗传算法求解复杂的组合优化问题。
(5)能够通过案例分析,比较不同高级搜索技术在解决旅行商问题时的效果,了解如何根据问题特点调整算法参数。

在许多实际问题中，搜索空间非常巨大，传统的搜索算法很难在合理的时间内找到最优解。高级搜索技术应运而生，被用于处理复杂的优化问题。这些技术如爬山法、模拟退火算法和遗传算法等，能够有效地探索问题空间，并在大多数情况下找到接近最优的解。

爬山法是一种简单且直观的局部搜索算法，适用于一些简单的优化问题。然而，由于它容易陷入局部最优，而忽略全局最优，通常需要结合其他算法，如模拟退火算法。模拟退火算法通过引入随机性，允许算法跳出局部最优，从而增加找到全局最优解的可能性。遗传算法则通过模拟自然选择和进化，能够在复杂的搜索空间中找到高质量的解。通过对这些算法的学习，读者将掌握高级搜索技术的基本原理，并能将它们应用于复杂问题的求解。

4.1　爬山法

4.1.1　爬山法的基本概念

爬山法(Hill Climbing)是一种启发式搜索算法，属于局部搜索算法。它用于寻找问题的最优解，适用于连续或离散的优化问题。

爬山法是一种迭代改进算法，从初始解开始，每次迭代选择当前解的邻域中最优的解，直到没有更优的邻域解为止。

4.1.2　爬山法的步骤

以下是爬山法的步骤。

(1)初始化：选择一个初始解。

(2)评估：计算当前解的目标函数值。

(3)选择邻域解：在当前解的邻域中选择一个比当前解更优的解。

(4)更新：如果找到更优的解，则将当前解更新为该解。

(5)终止条件：如果没有更优的邻域解，则算法终止，当前解即为局部最优解。

4.1.3　爬山法的优缺点

爬山法的优点如下。

(1)简单易懂：算法原理简单，易于理解和实现。

(2)快速收敛：在局部最优点附近能快速找到解。

爬山法的缺点是如下。

(1)局部最优：容易陷入局部最优，无法保证找到全局最优解。

(2)依赖初始解：不同的初始解可能导致不同的最终解。

4.1.4　算法变体

爬山法的算法变体有随机重启爬山法、随机爬山法、爬山法与模拟退火算法结合。

随机重启爬山法：通过多次随机选择初始解并使用爬山法，增加找到全局最优解的概率。

随机爬山法：在邻域中随机选择一个解，如果该解优于当前解则接受，否则继续随机选择。

爬山法与模拟退火算法结合：结合模拟退火算法的降温机制，以提高跳出局部最优的能力。

4.1.5　示例

假设要解决一个简单的优化问题，目标是找到函数 $f(x) = -x^2 + 4x$ 最大的解。

爬山法的 Python 示例如图 4-1 所示。

```python
import random

def hill_climbing(objective_function, initial_solution, step_size, max_iterations):
    current_solution = initial_solution
    current_value = objective_function(current_solution)

    for iteration in range(max_iterations):
        next_solution = current_solution + random.uniform(-step_size, step_size)
        next_value = objective_function(next_solution)

        if next_value > current_value:
            current_solution = next_solution
            current_value = next_value

    return current_solution, current_value

# 目标函数
def objective_function(x):
    return -x**2 + 4*x

# 初始化参数
initial_solution = random.uniform(-10, 10)
step_size = 0.1
max_iterations = 1000

# 运行爬山法
optimal_solution, optimal_value = hill_climbing(objective_function, initial_solution, step

print(f"最优解: {optimal_solution}")
print(f"最优值: {optimal_value}")
```

图 4-1　爬山法的 Python 示例

以下是图 4-1 中的代码解释：

（1）定义了一个目标函数 $f(x) = -x^2 + 4x$；

（2）选择一个初始解，在该示例中随机生成一个在 $[-10, 10]$ 区间内的初始解；

（3）在每次迭代中，生成当前解邻域内的一个新解，并比较目标函数值，如果新解更优，则更新当前解；

（4）迭代一定次数后，返回找到的最优解及其目标函数值。

4.1.6　爬山法的应用

爬山法适用于解决以下类型的问题。

（1）函数优化：如参数调整、曲线拟合等。

（2）组合优化：如背包问题、旅行商问题等。

（3）机器学习模型训练：如神经网络权重调整、支持向量机参数优化等。

4.2　模拟退火算法

4.2.1　模拟退火算法的基本概念

模拟退火算法（Simulated Annealing，SA）是一种用于寻找全局最优解的概率性算法。它通过模仿物理上固体退火过程中的热力学原理，逐渐降低"温度"，从而避免陷入局部最优。模拟退火算法在优化问题中表现出色，尤其是在组合优化问题中有广泛的应用。

4.2.2　模拟退火算法的基本原理

模拟退火算法基于统计力学中的退火过程，其基本步骤如下。

（1）初始解的生成：选择一个初始解 s，并设定初始温度 T。

（2）邻域解的选择：在当前解 s 的邻域中随机选择一个新的解 s'。

（3）能量变化的计算：计算当前解和新解的"能量"差 $\Delta E = E(s') - E(s)$。

（4）接受准则：如果 $\Delta E \leq 0$，接受新解 s'；否则，以概率 $\exp(-\Delta E/T)$ 接受新解。

（5）温度更新：根据某种冷却计划逐渐降低温度 T。

（6）终止条件：当温度 T 下降到某个阈值或满足其他终止条件时，停止算法。

4.2.3　模拟退火算法的详细步骤

模拟退火算法的详细步骤如图 4-2 所示。

```
Algorithm SimulatedAnnealing
    Input: 初始解 \( s_0 \)，初始温度 \( T_0 \)，终止温度 \( T_{min} \)，冷却速率 \( \alpha \)
    Output: 最优解 \( s_{best} \)

    初始化当前解 \( s \) 为 \( s_0 \)
    初始化当前温度 \( T \) 为 \( T_0 \)
    \( s_{best} \) = \( s \)

    while \( T > T_{min} \) do
        for i = 1 to k do
            随机选择邻域解 \( s' \)
            计算能量差 \( \Delta E = E(s') - E(s) \)
            if \( \Delta E \leq 0 \) then
                接受新解 \( s' \)
```

图 4-2　模拟退火算法的详细步骤

```
        else
            以概率 \( \exp(-\Delta E / T) \) 接受新解 \( s' \)
        end if
        if \( E(s') < E(s_{best}) \) then
            \( s_{best} \) = \( s' \)
        end if
    end for
    降低温度 \( T = \alpha \cdot T \)
end while

return \( s_{best} \)
end Algorithm
```

图 4-2　模拟退火算法的详细步骤(续)

4.2.4　模拟退火算法的应用

模拟退火算法适用于各种优化问题,包括但不限于旅行商问题、作业调度问题、图像处理中的图像恢复、神经网络的训练等。

4.2.5　模拟退火算法的优缺点

模拟退火算法的优点是:

(1)能够跳出局部最优,找到全局最优解;

(2)算法简单且容易实现;

(3)适用于各种复杂的优化问题。

模拟退火算法的缺点是:

(1)计算量较大,收敛速度较慢;

(2)参数(如初始温度和冷却速率)的选择对结果有较大影响;

(3)需要较长的时间来找到最优解。

4.3　遗传算法

4.3.1　遗传算法的基本概念

遗传算法(Genetic Algorithm,GA)是一种模拟自然进化过程的全局搜索算法。通过选择、交叉和变异操作,遗传算法能够在复杂的搜索空间中寻找最优解。遗传算法广泛应用于优化问题和机器学习领域。

4.3.2　遗传算法的基本原理

遗传算法基于达尔文的自然选择理论和遗传学原理,以下是其基本步骤。

1. 编码与初始化

(1)将解空间中的每个解编码为一个染色体(通常用二进制串表示)。

(2)初始化一个种群(由若干染色体组成)。

2. 适应度评估

(1)定义适应度函数,用于评估每个染色体的优劣。

（2）计算种群中每个染色体的适应度。

3. 选择

根据适应度选择染色体，适应度高的染色体被选中的概率更大。常用的选择方法有轮盘赌选择、锦标赛选择等。

4. 交叉

选择一对染色体，并在某个位置交换它们的部分基因，以产生新的染色体。常用的交叉方法有单点交叉、两点交叉和均匀交叉。

5. 变异

以一定概率随机改变染色体中的某些基因，以增加种群的多样性，防止陷入局部最优。常用的变异方法有位翻转变异。

6. 替换

根据适应度选择新的种群，通常是将新生成的染色体与原种群进行竞争，选择适应度高的染色体进入下一代。

7. 终止条件

当达到最大代数或种群中的适应度不再显著提高时，算法终止。

4.3.3 遗传算法的详细步骤

遗传算法的详细步骤如图 4-3 所示。

```
Algorithm GeneticAlgorithm
    Input: 种群大小 \( N \)，最大代数 \( max\_generations \)，交叉概率 \( p_c \)，变异概率 \
    Output: 最优解 \( best\_solution \)

    初始化种群 \( population \)
    评估种群适应度 \( evaluate\_fitness(population) \)

    for generation = 1 to max\_generations do
        选择父代 \( parents = selection(population) \)
        执行交叉 \( offspring = crossover(parents, p_c) \)
        执行变异 \( offspring = mutation(offspring, p_m) \)
        评估子代适应度 \( evaluate\_fitness(offspring) \)
        替换 \( population = replacement(population, offspring) \)
    end for

    \( best\_solution = get\_best\_solution(population) \)
    return \( best\_solution \)
end Algorithm
```

图 4-3　遗传算法的详细步骤

4.3.4 遗传算法的应用

遗传算法适用于多种优化和搜索问题，以下是几个常见的应用。
（1）函数优化：寻找使目标函数达到最大值或最小值的变量组合。
（2）组合优化：如旅行商问题（Traveling Salesman Problem，TSP）、背包问题等。
（3）机器学习：优化神经网络的结构和权重。
（4）工程设计：如电路设计、结构优化等。

4.3.5 遗传算法的优缺点

遗传算法的优点是：

（1）具有全局搜索能力，能有效避免陷入局部最优；

（2）适用于各种复杂的优化问题和非线性问题；

（3）具有并行性，可在多处理器系统中高效运行。

遗传算法的缺点是：

（1）参数选择（如种群大小、交叉概率和变异概率）对算法性能有较大影响；

（2）计算量较大，收敛速度较慢；

（3）可能需要较多的代数才能找到最优解。

4.4 高级搜索技术比较

在本章中，介绍了几种高级搜索技术，包括爬山法、模拟退火算法和遗传算法。这些技术在解决复杂优化问题时各有优缺点。本节将对这些技术进行比较，帮助读者理解它们的适用场景和选择依据。

4.4.1 基本特点

1. 爬山法

爬山法的基本特点：

（1）是一种简单的迭代改进算法；

（2）通过不断选择当前解的最优邻域解来搜索最优解；

（3）易于实现，但容易陷入局部最优。

2. 模拟退火算法

模拟退火算法的基本特点：

（1）是一种基于物理退火过程的概率性算法；

（2）通过随机搜索和逐步降低温度来寻找最优解；

（3）在初期具有较强的全局搜索能力，随着温度降低，逐步转向局部搜索。

3. 遗传算法

遗传算法的基本特点：

（1）是一种模仿自然进化过程的全局搜索算法；

（2）通过选择、交叉和变异操作在解空间中搜索最优解；

（3）具有较强的全局搜索能力，能够有效避免陷入局部最优。

4.4.2 适用场景

1. 爬山法

爬山法的适用场景：

（1）问题的目标函数较为简单，且具有较少的局部最优解；

（2）需要快速找到一个较优解，而不必是全局最优解；

（3）计算资源有限，需采用较为简单和快速的算法。

2. 模拟退火算法

模拟退火算法的适用场景：

（1）需要解决大规模的组合优化问题，如旅行商问题、作业调度问题等；

（2）问题的目标函数具有多个局部最优解；

（3）需要一种简单易实现且计算量相对较小的算法。

3. 遗传算法

遗传算法的适用场景：

（1）复杂的非线性优化问题，如神经网络训练、复杂工程设计等；

（2）需要多解并行搜索以提高搜索效率；

（3）问题的解空间较大且复杂，用传统优化方法难以找到全局最优解。

4.4.3 比较分析

爬山法、模拟退火算法和遗传算法在不同角度的比较如下。

1. 搜索策略

爬山法：通过不断选择当前解的最优邻域解进行搜索，易陷入局部最优。

模拟退火算法：依赖温度的逐步降低，通过接受一定概率的"差"解来跳出局部最优。

遗传算法：通过种群进化和多样性保持进行全局搜索，利用选择、交叉和变异操作来探索解空间。

2. 收敛速度

爬山法：收敛速度较快，但容易陷入局部最优。

模拟退火算法：收敛速度较慢，特别是在温度下降较慢时。

遗传算法：具有并行性，收敛速度相对较快，但可能需要较多代数。

3. 计算复杂度

爬山法：计算复杂度较低，适用于简单问题。

模拟退火算法：计算复杂度通常较低，主要受制于初始温度、冷却速率和迭代次数。

遗传算法：计算复杂度较高，受制于种群大小、交叉操作和变异操作的复杂度。

4. 参数选择

爬山法：没有复杂的参数选择，算法简单直接。

模拟退火算法：主要参数为初始温度、终止温度和冷却速率。

遗传算法：主要参数为种群大小、交叉概率和变异概率，参数选择对算法性能的影响较大。

爬山法、模拟退火算法和遗传算法的详细比较如表 4-1 所示。

表 4-1　爬山法、模拟退火算法和遗传算法的详细比较

算法	搜索策略	收敛速度	计算复杂度	参数选择	适用场景
爬山法	通过不断选择当前解的最优邻域解进行搜索，易陷入局部最优	较快，但容易陷入局部最优	较低，适用于简单问题	无须复杂的参数选择	目标函数简单且局部最优解较少，需快速找到较优解

续表

算法	搜索策略	收敛速度	计算复杂度	参数选择	适用场景
模拟退火算法	依赖温度的逐步降低，通过接受一定概率的"差"解来跳出局部最优	较慢，特别是在温度下降较慢时	较低，受初始温度、冷却速率和迭代次数的影响	初始温度、终止温度和冷却速率	大规模组合优化问题，目标函数具有多个局部最优解
遗传算法	通过种群进化和多样性保持进行全局搜索，利用选择、交叉和变异操作来探索解空间	相对较快，但可能需要较多代数	较高，受种群大小、交叉操作和变异操作复杂度的影响	种群大小、交叉概率和变异概率	复杂非线性优化问题，需多解并行搜索

4.5　案例分析

在本节中，将通过具体的案例分析，展示爬山法、模拟退火算法和遗传算法在求解旅行商问题中的应用。旅行商问题是一个经典的组合优化问题，目标是找到经过每个城市一次且仅一次的最短路径。

4.5.1　爬山法求解旅行商问题

爬山法是一种简单的迭代改进算法，通过不断选择当前解的最优邻域解来搜索最优解。以下是爬山法求解旅行商问题的步骤。

（1）初始化一个随机解，即随机排列所有城市的顺序。

（2）计算当前路径的总距离。

（3）在当前路径的邻域中搜索一个距离更短的新路径。

（4）如果找到更短的路径，则更新当前路径；否则，算法结束。

（5）返回最优路径。

爬山法求解旅行商问题的 Python 示例如图 4-4 所示。

```python
import random

def hill_climbing(cities, distance_matrix):
    def total_distance(path):
        return sum(distance_matrix[path[i-1]][path[i]] for i in range(len(path)))

    def get_best_neighbor(path):
        best_path = path[:]
        best_distance = total_distance(path)
        for i in range(len(path)):
            for j in range(i+1, len(path)):
```

图 4-4　爬山法求解旅行商问题的 Python 示例

```
                    neighbor = path[:]
                    neighbor[i], neighbor[j] = neighbor[j], neighbor[i]
                    current_distance = total_distance(neighbor)
                    if current_distance < best_distance:
                        best_path = neighbor[:]
                        best_distance = current_distance
            return best_path


    current_path = random.sample(cities, len(cities))
    while True:
        new_path = get_best_neighbor(current_path)
        if total_distance(new_path) >= total_distance(current_path):
            break
        current_path = new_path
    return current_path


# 示例城市及距离矩阵
cities = [0, 1, 2, 3, 4]
distance_matrix = [
    [0, 2, 9, 10, 1],
    [1, 0, 6, 4, 2],
    [9, 6, 0, 8, 7],
    [10, 4, 8, 0, 3],
    [1, 2, 7, 3, 0]
]


best_path_hc = hill_climbing(cities, distance_matrix)
print("爬山法最佳路径:", best_path_hc)
```

图 4-4　爬山法求解旅行商问题的 Python 示例（续）

4.5.2　模拟退火算法求解旅行商问题

模拟退火算法是一种基于物理退火过程的概率性优化算法，通过在初期接受一定概率的"差"解，来跳出局部最优。以下是模拟退火算法求解旅行商问题的步骤。

（1）初始化一个随机解和初始温度。

（2）计算当前路径的总距离。

（3）在当前路径的邻域中随机选择一个新路径，计算新路径的总距离。

（4）如果新路径更短，则接受新路径；否则，以一定概率接受新路径。

（5）随着迭代进行，逐渐降低温度。

（6）当温度下降到阈值或达到最大迭代次数时，算法结束。

（7）返回最优路径。

模拟退火算法求解旅行商问题的 Python 示例如图 4-5 所示。

```python
import math
import random


def simulated_annealing(cities, distance_matrix, T0, Tmin, alpha):
    def total_distance(path):
        return sum(distance_matrix[path[i-1]][path[i]] for i in range(len(path)))

    def random_neighbor(path):
        a, b = random.sample(range(len(path)), 2)
        path[a], path[b] = path[b], path[a]
        return path

    current_path = random.sample(cities, len(cities))
    best_path = current_path[:]
    T = T0

    while T > Tmin:
        for _ in range(100):
            new_path = random_neighbor(current_path[:])
            delta_E = total_distance(new_path) - total_distance(current_path)
            if delta_E < 0 or math.exp(-delta_E / T) > random.random():
                current_path = new_path[:]
                if total_distance(current_path) < total_distance(best_path):
                    best_path = current_path[:]
        T *= alpha

    return best_path


# 示例城市及距离矩阵
best_path_sa = simulated_annealing(cities, distance_matrix, 1000, 1, 0.95)
print("模拟退火算法最佳路径", best_path_sa)
```

图 4-5　模拟退火算法求解旅行商问题的 Python 示例

4.5.3　遗传算法求解旅行商问题

遗传算法是一种模仿自然进化过程的全局搜索算法，通过选择、交叉和变异操作在解空间中搜索最优解。以下是遗传算法求解旅行商问题的步骤。

(1) 初始化一个种群，每个个体为一个随机解。

(2) 计算种群中每个个体的适应度。

(3) 根据适应度选择父代个体进行交叉，生成新的子代个体。

(4) 对新生成的子代个体进行变异操作。

(5) 根据适应度选择新的种群。

(6) 重复上述步骤，直到达到最大代数或种群中适应度不再显著提高。

(7) 返回最优个体。

遗传算法求解旅行商问题的 Python 示例如图 4-6 所示。

```python
import random

def genetic_algorithm(cities, distance_matrix, N, max_generations, p_c, p_m):
    def initialize_population():
        population = []
        for _ in range(N):
            individual = random.sample(cities, len(cities))
            population.append(individual)
        return population

    def evaluate_fitness(individual):
        return sum(distance_matrix[individual[i-1]][individual[i]] for i in range(len(indi

    def selection(population):
        population.sort(key=evaluate_fitness)
        return population[:N//2]

    def crossover(parent1, parent2):
        a, b = sorted(random.sample(range(len(parent1)), 2))
        child1 = parent1[:a] + [gene for gene in parent2 if gene not in parent1[:a]]
        child2 = parent2[:a] + [gene for gene in parent1 if gene not in parent2[:a]]
        return child1, child2

    def mutation(individual):
        a, b = random.sample(range(len(individual)), 2)
        individual[a], individual[b] = individual[b], individual[a]

    population = initialize_population()

    for generation in range(max_generations):
        selected = selection(population)
        offspring = []
        while len(offspring) < N:
            if random.random() < p_c:
                parent1, parent2 = random.sample(selected, 2)
                child1, child2 = crossover(parent1, parent2)
                offspring.append(child1)
                offspring.append(child2)
            else:
                offspring.append(random.choice(selected))

        for individual in offspring:
            if random.random() < p_m:
                mutation(individual)

        population = selected + offspring

    best_solution = min(population, key=evaluate_fitness)
    return best_solution

# 示例城市及距离矩阵
best_path_ga = genetic_algorithm(cities, distance_matrix, 100, 1000, 0.9, 0.1)
print("遗传算法最佳路径:", best_path_ga)
```

图 4-6 遗传算法求解旅行商问题的 **Python** 示例

4.6　练习与思考

1. 编写爬山法解决 5 个城市的旅行商问题。记录最终路径及其总距离。

2. 编写模拟退火算法解决 5 个城市的旅行商问题，设置初始温度为 100，终止温度为 1，冷却速率为 0.95。记录最终路径及其总距离。

3. 编写遗传算法解决 5 个城市的旅行商问题，设置种群大小为 20，最大代数为 100，交叉概率为 0.8，变异概率为 0.1。记录最终路径及其总距离。

4. 调整模拟退火算法的初始温度、终止温度和冷却速率，观察参数变化对算法结果的影响。

5. 调整遗传算法的种群大小、交叉概率和变异概率，观察参数变化对算法结果的影响。

6. 比较爬山法、模拟退火算法和遗传算法在解决相同旅行商问题时的性能（运行时间和求解质量）。

7. 对爬山法进行改进，引入随机重启机制，以避免陷入局部最优。记录改进前后的算法结果。

8. 探讨在什么情况下，爬山法可能比模拟退火算法和遗传算法更适用。反之如何？

9. 设计一个简单的优化问题（如背包问题），并应用模拟退火算法进行求解。记录求解过程和结果。

10. 设计一个简单的优化问题（如背包问题），并应用遗传算法进行求解。记录求解过程和结果。

本章参考文献

[1]施晓红，赵永华. 智能优化算法及其应用［M］. 北京：科学出版社，2010.

[2]刘勇. 优化理论与算法［M］. 3 版. 北京：高等教育出版社，2015.

[3]邓勇. 遗传算法及其应用［M］. 北京：清华大学出版社，2016.

第5章　不确定知识与推理

本章重点

（1）掌握不确定知识的定义及其处理方法。
（2）理解非单调逻辑在处理不确定推理中的应用。
（3）掌握贝叶斯推理的基本原理及其在不确定推理中的应用。
（4）了解确定性理论和证据理论在推理系统中的作用。
（5）掌握模糊逻辑在处理模糊性和不确定性问题中的应用。

本章难点

（1）非单调逻辑的推理机制及其如何适应变化。
（2）贝叶斯推理中的主观概率及其更新规则的实际应用。
（3）确定性理论和证据理论的区别和应用场景。
（4）模糊逻辑中的模糊集和模糊推理的复杂性。
（5）在不确定性场景下，如何有效整合多种推理方法进行推理决策。

学习目标

（1）理解不确定知识的特征，并掌握处理不确定性的不同推理方法。
（2）掌握非单调逻辑的基本概念，并能应用于解决知识动态变化的问题。
（3）理解主观贝叶斯方法中的概率推理，并能应用于不确定知识的更新与决策。
（4）熟悉确定性理论和证据理论的基础原理，并能将它们应用于实际推理系统中。
（5）理解模糊逻辑的核心概念和推理方法，并能应用于处理模糊和不确定的信息。
（6）通过案例分析，能够灵活应用不同的不确定性处理方法，解决实际问题中的推理需求。

在现实世界中，知识往往是不完全的、不确定的。如何处理这些不确定性成为人工智能推理系统中的一个重要挑战。传统的逻辑推理系统(如命题逻辑和谓词逻辑)通常假设知识是确定的，这在很多场景下并不适用。因此，开发和应用能够处理不确定性和模糊性的推理方法变得尤为重要。

本章将介绍几种常见的不确定知识处理方法，包括非单调逻辑、贝叶斯推理、确定性理论、证据理论以及模糊逻辑。通过学习这些方法，读者将能够在面对不确定和模糊信息时做出合理的推理和决策。最后，通过分析实际案例如"有经纪人的交易"和"小型动物分类专家系统"，读者将看到这些方法在现实应用中的效果。

5.1　不确定知识概述

在现实世界中，经常会遇到各种不确定性，这种不确定性可能来源于不完整信息、噪声数据、主观判断或随机性因素。不确定知识与推理是人工智能和计算机科学中处理这些不确定性的关键。

5.1.1　不确定性的来源

不确定性可以来自多个方面，主要包括以下几种。

1. 不完整信息

不完整信息是指在决策或推理过程中，无法获得所有相关信息。

例如，在医疗诊断中，医生可能无法获取所有病人的病史数据，导致诊断结果的不确定性。

信息不完整会导致决策基于部分信息，增加了结果的不确定性。

2. 噪声数据

噪声数据是指数据中包含的随机误差或不准确的信息。

例如，传感器数据可能由于环境因素而不准确，自动驾驶中的雷达噪声可能导致错误的导航决策。

噪声数据会干扰信息的准确性，导致分析结果不可靠。

3. 主观判断

主观判断是指人在决策或推理过程中，基于个人经验或直觉进行的判断。

例如，在法律判决中，法官可能根据自己的经验和对证据的理解做出判决，这种判断具有不确定性。

主观判断会引入个人偏见，增加结果的不确定性。

4. 随机性因素

随机性因素是指自然界中存在的随机变化或不确定事件。

例如，天气变化具有很大的随机性，影响农业生产和物流计划。

随机性因素难以预测，增加了决策的不确定性。

不确定性的来源、定义和示例如表 5-1 所示。

表 5-1　不确定性的来源、定义和示例

来源	定义	示例
不完整信息	在决策或推理过程中， 无法获得所有相关信息	医疗诊断中的病史缺失
噪声数据	数据中包含的随机误差或不准确的信息	自动驾驶中的雷达噪声
主观判断	人在决策或推理过程中， 基于个人经验或直觉进行的判断	法律判决中的法官判断
随机性因素	自然界中存在的随机变化或不确定事件	天气变化对农业的影响

5.1.2　处理不确定性的必要性

处理不确定性对于许多应用是必需的，以下是几个示例。

1. 决策支持

在投资决策中，需要考虑市场的不确定性以制定合理的投资策略。
处理不确定性能够帮助决策者更好地评估风险和制定应对策略。

2. 预测与推理

在疾病预测中，考虑患者的各种不确定因素以做出准确的预测。
处理不确定性可以提高预测模型的准确性和可靠性。

3. 智能系统

自动驾驶汽车需要在不确定的道路环境中进行导航和决策。
处理不确定性能够提升智能系统在复杂环境中的表现。

5.1.3　处理不确定性的基本方法

处理不确定性的方法有很多，常见的方法包括概率论、模糊逻辑和贝叶斯网络等。

1. 概率论

概率论可以通过概率分布描述不确定事件发生的可能性。
概率论的关键概念有条件概率、联合概率和边缘概率。
在风险分析中，可通过计算事件发生的概率来评估和管理风险。
概率论示例图如图 5-1 所示，其中 $P(AB) = 0.21$。
大圆圈表示事件 A 发生的概率 $P(A) = 0.5$。
小圆圈表示事件 B 发生的概率 $P(B) = 0.3$。
二圆重叠部分表示在事件 B 发生的条件下，事件 A 发生的条件概率 $P(A \mid B) = 0.7$。
该图通过重叠的圆圈直观地展示了不同事件和条件概率之间的关系。在现实应用中，这种图形可以帮助理解事件的相互影响和依赖关系。

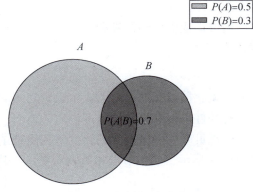

图 5-1 概率论示例图

2. 模糊逻辑

模糊逻辑是处理模糊性和不确定性的一种方法，适用于处理不精确和不明确的信息。模糊逻辑的关键概念有模糊集和隶属度函数。

在智能控制系统中，可使用模糊逻辑控制器来处理不确定性和模糊信息，如空调温度控制。

模糊逻辑示例图如图 5-2 所示，通过隶属度函数来表示一个变量的隶属度。

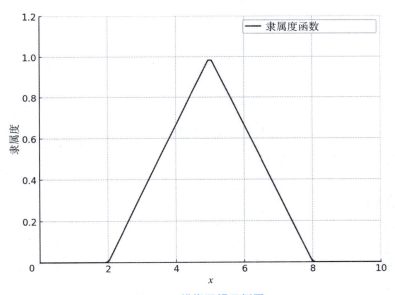

图 5-2 模糊逻辑示例图

图 5-2 中，横轴 x 表示输入变量的值；纵轴表示隶属度（Membership Degree），范围为 0~1。图中曲线是一个隶属度函数，定义了变量在区间 [2，8] 上的隶属度变化。具体来说：

当 $x \leqslant 2$ 时，隶属度为 0；

当 x 在 2~5 之间时，隶属度逐渐从 0 增加到 1；

当 x 在 5~8 之间时，隶属度逐渐从 1 减少到 0；

当 $x > 8$ 时，隶属度为 0。

这个示例展示了如何使用模糊逻辑处理模糊和不确定的信息，例如，在智能控制系统中调节空调温度的控制逻辑。

3. 贝叶斯网络

贝叶斯网络是一种图形模型，通过有向无环图表示变量之间的依赖关系。

贝叶斯网络的关键概念有条件概率和贝叶斯定理。

在医疗诊断系统中，可使用贝叶斯网络模型结合症状和测试结果进行推理和更新。

贝叶斯网络示例图如图 5-3 所示，其中节点和边表示变量及其之间的条件依赖关系。

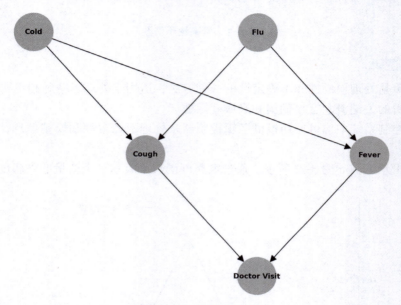

图 5-3　贝叶斯网络示例图

以下是图 5-3 中节点和边的解释。

节点：

Cold 表示感冒；

Flu 表示流感；

Cough 表示咳嗽；

Fever 表示发烧；

Doctor Visit 表示看医生。

边：

Cold→Cough 表示感冒可能导致咳嗽；

Flu →Cough 表示流感可能导致咳嗽；

Cold→Fever 表示感冒可能导致发烧；

Flu→Fever 表示流感可能导致发烧；

Cough→Doctor Visit 表示咳嗽可能导致看医生；

Fever →Doctor Visit 表示发烧可能导致看医生。

这个贝叶斯网络示例展示了感冒和流感如何通过咳嗽和发烧影响看医生的行为。通过这种图形模型，可以对变量之间的条件依赖关系进行建模，并使用贝叶斯定理进行概率推理和更新。

贝叶斯网络中的节点表示随机变量，而边表示这些变量之间的条件依赖关系。该网络能够有效地表示和处理不确定知识，是许多领域中重要的推理工具。

5.2　主观贝叶斯方法

在处理不确定性和推理过程中，贝叶斯方法是一种非常有效的方法。贝叶斯方法基于贝叶斯定理，通过先验概率和似然函数计算后验概率。主观贝叶斯方法则强调在推理过程中使用主观先验知识。

5.2.1　贝叶斯定理回顾

贝叶斯定理是贝叶斯推理的基础，它描述了如何根据新证据更新概率。贝叶斯公式如下：

$$P(A \mid B) = P(B \mid A) \cdot P(A) / P(B)$$

式中　$P(A \mid B)$——在事件 B 发生的条件下，事件 A 发生的后验概率；

$P(B \mid A)$——在事件 A 发生的条件下，事件 B 发生的似然概率；

$P(A)$——事件 A 发生的先验概率；

$P(B)$——事件 B 发生的全概率。

贝叶斯定理的示意图如图 5-4 所示。

先验概率 (Prior Probability) + 证据 (Evidence) → 后验概率 (Posterior Probability)

图 5-4　贝叶斯定理的示意图

5.2.2　主观贝叶斯方法的基本概念

主观贝叶斯方法利用主观先验知识进行概率推理。与频率派统计方法不同，主观贝叶斯方法允许使用先验知识和信念，这些先验知识可以是专家经验、历史数据或其他信息来源。

主观贝叶斯方法的步骤如下。

（1）确定先验概率：根据主观知识或历史数据，确定先验概率分布 $P(A)$。

（2）收集新证据：获取新证据或数据 B。

（3）计算似然函数：根据新证据，计算似然函数 $P(B \mid A)$。

（4）更新后验概率：使用贝叶斯定理，根据先验概率和似然函数计算后验概率 $P(A \mid B)$。

5.2.3 主观贝叶斯方法的优点和挑战

主观贝叶斯方法的优点如下。

(1)灵活性：主观贝叶斯方法可以结合专家知识和历史数据，灵活应用于不同领域。

(2)渐进学习：随着新证据的不断加入，贝叶斯方法可以逐步更新和改进概率估计。

(3)处理不确定性：能够有效处理和模糊和不确定的信息。

主观贝叶斯方法面临的挑战如下。

(1)主观性：先验概率的选择具有主观性，不同的先验概率可能导致不同的结果。

(2)计算复杂度：在处理大规模数据和复杂模型时，计算后验概率可能非常复杂。

5.2.4 主观贝叶斯方法的实例分析

为了更好地理解主观贝叶斯方法，来看一个具体的实例。

假设一个医生根据病人的症状和体检结果诊断某种疾病。医生根据以往经验(先验知识)和当前病人的检测结果(新证据)进行推理。

(1)确定先验概率：根据医生的经验，假设病人患病的先验概率 $P(\text{Disease}) = 0.01$。

(2)收集新证据：医生给病人做了一个特定的测试，测试结果为阳性。

(3)计算似然函数：假设已知该测试在病人患病时呈阳性的概率 $P(\text{Positive} \mid \text{Disease}) = 0.9$，以及在病人未患病时呈阳性的概率 $P(\text{Positive} \mid \text{NoDisease}) = 0.05$。

(4)更新后验概率：使用贝叶斯公式计算后验概率 $P(\text{Disease} \mid \text{Positive}) = P(\text{Positive} \mid \text{Disease}) \cdot P(\text{Disease}) / P(\text{Positive})$。

其中，$P(\text{Positive})$ 可以通过全概率公式计算得到：$P(\text{Positive}) = P(\text{Positive} \mid \text{Disease}) \cdot P(\text{Disease}) + P(\text{Positive} \mid \text{NoDisease}) \cdot P(\text{NoDisease})$。

根据已知数据：$P(\text{Positive}) = 0.9 \times 0.01 + 0.05 \times 0.99 = 0.0585$。

代入贝叶斯公式：$P(\text{Disease} \mid \text{Positive}) = 0.9 \times 0.01 / 0.0585 \approx 0.154$。

贝叶斯推理过程如图5-5所示。

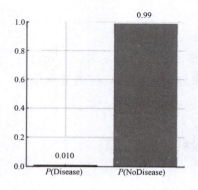
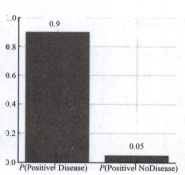
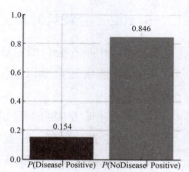

图5-5 贝叶斯推理过程

5.3　确定性理论

确定性理论是处理不确定性的一种方法，通过量化不确定性来进行推理和决策。确定性理论包括置信度、可信度和不确定度等概念，广泛应用于人工智能、统计学和决策分析等领域。

5.3.1　确定性理论的基本概念

1. 置信度(Confidence)

置信度是指对某个命题或事件的确定程度，通常表示为一个介于 0~1 之间的值。

例如，在医疗诊断中，医生可能对某个诊断的置信度为 80%，表示医生认为该诊断是正确的概率为 0.8。

2. 可信度(Belief)

可信度是指对某个事件或命题的信任程度，通常也表示为一个介于 0~1 之间的值。

例如，在情报分析中，分析员可能对某个情报来源的可信度为 70%，表示分析员认为该情报来源是可靠的概率为 0.7。

3. 不确定度(Uncertainty)

不确定度是指对某个事件或命题的不确定程度，通常用置信度区间或其他统计量来表示。

例如，在统计推断中，研究者可能会报告某个估计值的 95% 置信度区间，表示该估计值在 95% 的情况下会落在该区间内。

5.3.2　确定性理论的方法

确定性理论的方法包括置信度区间、可信度模型和贝叶斯方法等。

1. 置信度区间

置信度区间是指在一定的置信度下，估计量所在的区间。

例如，在统计推断中，研究者使用置信度区间来量化估计值的不确定性。

2. 可信度模型

可信度模型是指通过可信度函数来表示事件或命题的可信度。

例如，在情报分析中，使用可信度模型来评估情报来源的可靠性。

3. 贝叶斯方法

贝叶斯方法通过先验概率和似然函数计算后验概率，动态更新事件的概率。

例如，在医学诊断中，医生根据先验知识和新证据，使用贝叶斯方法更新诊断结果的置信度。

5.4 证据理论

证据理论（Dempster-Shafer Theory），又称为信度理论（Theory of Belief Functions），是一种处理模糊和不确定信息的数学理论。它提供了一种灵活的方法来表示和组合具有不同来源的证据，并在不确定性推理中广泛应用。

5.4.1 证据理论的基本概念

证据理论的基本概念包括以下几点。

1. 基本概率分配函数

基本概率分配函数（BPA）通常用 m 表示，定义在证据的所有可能子集上，用于量化对每个子集的信度。BPA 为每个子集分配一个值，表示对该子集的支持程度。

BPA 必须满足以下两个性质。

（1）非负性：对于任意子集 A（定义在全集 Ω 的幂集上），满足 $m(A) \geqslant 0$。

（2）归一性：全集所有可能子集之和为 1，即 $\sum\limits_{A \subseteq \Omega} m(A) = 1$。

BPA 的值对不同子集的分配反映了不确定性：

（1）若 $m(A) = 0$，表示对该子集没有任何支持；

（2）若 $m(A) = 1$，表示完全支持该子集的真实性。

BPA 在证据理论中与传统概率不同，因为它不仅可以对单一事件分配信度，也可以对事件的组合分配信度。这种特性使证据理论在处理不确定性和部分可信的证据方面非常有效。

2. 信度函数

信度函数表示某个命题为真的总信任度。

信度函数通过累加所有支持该命题的 BPA 的值来计算：

$$\text{Bel}(A) = \sum_{B \subseteq A} m(B)。$$

3. 似真度函数

似真度函数表示某个命题可能为真的最大信任度。

似真度函数通过累加所有与该命题不矛盾的 BPA 的值来计算：

$$\text{Pl}(A) = \sum_{B \cap A \neq 0} m(B)$$

信度函数和似真度函数之间的关系为

$$\text{Pl}(A) = 1 - \text{Bel}(\neg A)$$

5.4.2 证据组合规则

证据理论的一个重要特性是能够组合具有不同来源的证据，其组合规则用于合并多个具有独立来源的证据。

给定两个独立的 m_1 和 m_2，组合后的 m 通过以下公式计算：

$$m(A) = \frac{1}{1 - K}$$

K 是冲突系数，表示证据之间的冲突程度：

$$K = \sum_{B \cap C = A} m_1(B) \cdot m_2(C)$$

当 $K = 0$ 时，说明证据完全一致，组合结果为直接累加。
当 $K = 1$ 时，说明证据完全冲突，无法进行组合。

5.5　模糊逻辑与推理

模糊逻辑是一种处理模糊和不确定信息的逻辑系统，通过模糊集和隶属度函数来表示和推理不确定知识。模糊逻辑在控制系统、专家系统、决策支持系统等领域有广泛应用。

5.5.1　模糊逻辑的基本概念

1. 模糊集(Fuzzy Set)

模糊集是传统集合概念的扩展，允许元素具有不同的隶属度。

隶属度函数：每个元素 x 在模糊集 A 中的隶属度由隶属度函数 $\mu A(x)$ 表示，取值范围为 $0 \sim 1$。$\mu A(x) : x \in [0, 1]$。

例如，在"高"这个模糊集中，不同身高的人可以具有不同的隶属度：隶属度 μ 高 $(170 \text{ cm}) = 0.6$，隶属度 μ 高 $(180 \text{ cm}) = 0.9$。

2. 隶属度函数(Membership Function)

隶属度函数定义了元素相对于模糊集的隶属程度。

隶属度函数的常见形式有三角形函数、梯形函数、高斯函数等。

三角形隶属度函数定义如下：

$$\mu A(x) = \begin{cases} 0, & x \leqslant a \\ \dfrac{x - a}{b - a}, & a < x \leqslant b \\ \dfrac{c - x}{c - b}, & b < x \leqslant c \\ 0, & x > c \end{cases}$$

3. 模糊运算

模糊运算有模糊并、模糊交、模糊补。

模糊并(Union)：给定两个模糊集 A 和 B，其并集的隶属度函数为

$$\mu A \cup B(x) = \max\{\mu A(x), \mu B(x)\}$$

模糊交(Intersection)：给定两个模糊集 A 和 B，其交集的隶属度函数为

$$\mu A \cap B(x) = \min\{\mu A(x), \mu B(x)\}$$

模糊补（Complement）：模糊集 A 的补集的隶属度函数为

$$\mu_\neg A(x) = 1 - \mu A(x)$$

5.5.2 模糊推理

模糊推理通过模糊规则和推理机制来处理不确定信息，常用的模糊推理方法包括模糊规则库、模糊推理引擎等。

1. 模糊规则库（Fuzzy Rule Base）

模糊规则库由一组模糊规则组成，用于描述系统的行为。

模糊规则的形式通常表示为"如果–那么"规则，例如，如果 x 是 A 且 y 是 B，那么 z 是 C。

示例：如果温度是"高"和湿度是"低"，那么风速是"中等"。

2. 模糊推理引擎（Fuzzy Inference Engine）

模糊推理引擎通过模糊规则和隶属度函数进行推理，得出模糊结论。

模糊推理过程包括模糊化、规则评估、模糊输出和去模糊化。

（1）模糊化：将输入值转换为模糊集。

（2）规则评估：评估模糊规则，根据隶属度函数计算输出模糊集。

（3）模糊输出：生成输出模糊集。

（4）去模糊化：将输出模糊集转换为具体值。

3. 模糊推理示例

为了更好地理解模糊推理，来看一个具体的示例。

示例：假设要设计一个模糊控制器来调节房间的温度。

1）定义模糊集

（1）温度模糊集：低（Low）、中（Medium）、高（High）。

（2）风速模糊集：慢（Slow）、中（Medium）、快（Fast）。

2）定义隶属度函数

（1）定义温度的隶属度函数。

低：三角形函数，区间为 $[10, 20, 30]$。

中：三角形函数，区间为 $[20, 30, 40]$。

高：三角形函数，区间为 $[30, 40, 50]$。

（2）定义风速的隶属度函数。

慢：三角形函数，区间为 $[0, 2, 4]$。

中：三角形函数，区间为 $[2, 4, 6]$。

快：三角形函数，区间为 $[4, 6, 8]$。

3）定义模糊规则

如果温度是"低"，那么风速是"慢"。

如果温度是"中"，那么风速是"中"。

如果温度是"高"，那么风速是"快"。

4）模糊推理过程

模糊化：将当前温度值转换为模糊集。

规则评估：根据模糊规则计算风速的模糊集。

模糊输出：生成风速的模糊集。

去模糊化：将风速的模糊集转换为具体值。

模糊推理示意图如图 5-6 所示。

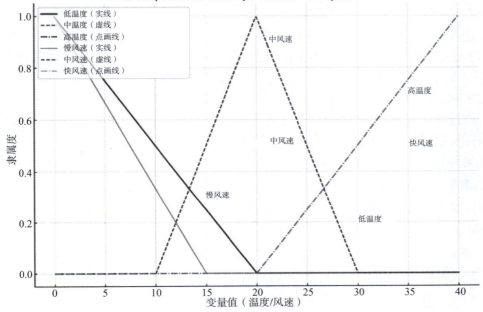

图 5-6　模糊推理示意图

该图展示了一个模糊推理的示意图：

横轴表示输入和输出变量的值。

纵轴表示隶属度。

各曲线表示见图中标注。

该图示意了模糊逻辑系统如何通过输入的温度模糊集来确定输出的风速模糊集，体现了模糊推理的基本过程。

5.5.3　模糊逻辑的应用

模糊逻辑在很多领域有广泛应用，以下是一些常见示例。

（1）控制系统：用于空调、洗衣机、汽车等设备的控制系统，提高了系统的智能化和适应性。

（2）决策支持系统：用于处理复杂的决策问题，帮助决策者在不确定性条件下做出合理决策。

（3）专家系统：用于医疗诊断、故障检测等领域，通过模糊规则和推理机制模拟专家的决策过程。

5.6 案例分析

在推理过程中，可以通过具体的案例来更好地理解各种理论和方法的实际应用。本节将通过两个具体的案例，展示如何应用不确定知识处理技术解决实际问题。

5.6.1 有经纪人的交易

在金融市场中，经纪人（Broker）在交易过程中起到重要的中介作用。由于市场信息的不完全和交易风险的存在，处理不确定性成为关键问题。使用贝叶斯方法和证据理论来分析有经纪人的交易过程。

此案例的背景如下：

一个投资者通过经纪人进行股票交易，经纪人提供有关市场趋势和个股信息的建议，投资者需要根据经纪人的建议和自身的信息做出投资决策。

此案例的分析步骤如下。

1. 确定先验概率

投资者根据历史数据和市场经验，设定某股票上涨的先验概率为 $P(\mathrm{Up})$ 和下跌的先验概率为 $P(\mathrm{Down})$。

2. 收集新证据

经纪人提供市场趋势的建议，如某股票有上涨趋势。

3. 计算似然函数

假设经纪人的建议在市场上涨时正确的概率为 $P(\mathrm{Suggest}\mid\mathrm{Up})$ 和在市场下跌时正确的概率为 $P(\mathrm{Suggest}\mid\mathrm{Down})$。

4. 更新后验概率

使用贝叶斯公式计算股票上涨的后验概率 $P(\mathrm{Up}\mid\mathrm{Suggest})$：

$$P(\mathrm{Up}\mid\mathrm{Suggest})=P(\mathrm{Suggest}\mid\mathrm{Up})\cdot P(\mathrm{Up})/P(\mathrm{Suggest})$$

$P(\mathrm{Suggest})$ 可以通过全概率公式计算得到：

$$P(\mathrm{Suggest})=P(\mathrm{Suggest}\mid\mathrm{Up})\cdot P(\mathrm{Up})+P(\mathrm{Suggest}\mid\mathrm{Down})\cdot P(\mathrm{Down})$$

5. 决策分析

投资者根据后验概率决定是否进行交易，调整投资策略。

有经纪人的交易示意图如图 5-7 所示。

图 5-7　有经纪人的交易示意图

先验概率(Prior Probability)：表示投资者在获取经纪人建议之前对股票上涨或下跌的初始信念。

证据(Evidence)：表示经纪人提供的市场趋势建议，如某股票有上涨趋势。

后验概率(Posterior Probability)：表示在结合经纪人建议后，投资者对股票上涨或下跌的更新信念。

箭头表示从先验概率通过证据更新到后验概率的过程，体现了贝叶斯推理的基本原理。

5.6.2　小型动物分类专家系统

小型动物分类是一个经典的专家系统应用领域。通过模糊逻辑和推理，可以构建一个智能系统来分类不同的小型动物。

此案例的背景如下：

一个动物园需要对新引进的小型动物进行分类，根据动物的特征(如体型、颜色、叫声等)判断其种类。

使用模糊逻辑建立分类系统，通过模糊规则和推理实现自动分类。

此案例的分析步骤如下。

1. 定义模糊集

体型模糊集：小(Small)、中(Medium)、大(Large)。

颜色模糊集：浅(Light)、中等(Medium)、深(Dark)。

叫声模糊集：低(Low)、中(Medium)、高(High)。

2. 定义隶属度函数

1)体型的隶属度函数

小：三角形函数，区间为 $[0, 10, 20]$。

中：三角形函数，区间为 $[10, 20, 30]$。

大：三角形函数，区间为 $[20, 30, 40]$。

2)颜色的隶属度函数

浅：三角形函数，区间为 $[0, 1, 2]$。

中等：三角形函数，区间为 $[1, 2, 3]$。

深：三角形函数，区间为 $[2, 3, 4]$。

3)叫声的隶属度函数

低：三角形函数，区间为 $[0, 1, 2]$。

中：三角形函数，区间为 $[1, 2, 3]$。

高：三角形函数，区间为 $[2, 3, 4]$。

3. 定义模糊规则

如果体型是"小"且颜色是"浅"，那么动物是"兔子"。

如果体型是"中"且颜色是"中等"，那么动物是"猫"。

如果体型是"大"且颜色是"深"，那么动物是"狗"。

4. 模糊推理过程

模糊化：将动物的特征值转换为模糊集。

规则评估：根据模糊规则计算分类的模糊集。

模糊输出：生成分类结果的模糊集。

去模糊化：将模糊分类结果转换为具体分类。

小型动物分类专家系统示意图如图 5-8 所示。

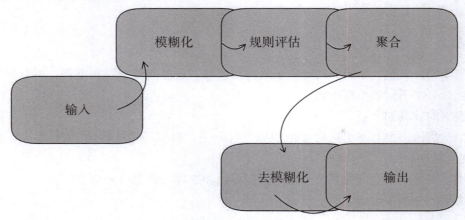

图 5-8　小型动物分类专家系统示意图

输入（Input）：表示输入的动物特征，如体型、颜色和叫声。

模糊化（Fuzzification）：将输入的动物特征值转换为模糊集。

规则评估（Rule Evaluation）：根据模糊规则库评估输入的模糊集。

聚合（Aggregation）：将多个模糊规则的结果进行聚合。

去模糊化（Defuzzification）：将聚合后的模糊结果转换为具体分类结果。

输出（Output）：表示最终分类的具体结果。

箭头表示信息在各个步骤之间的传递过程，体现了模糊推理的基本流程。

5.7　练习与思考

1. 解释为什么非单调逻辑适用于处理不完全知识。举一个现实生活中的例子，说明非单调逻辑的应用场景。

2. 给定以下条件：

先验概率 $P(A) = 0.2$；

事件 B 在事件 A 发生时的条件概率 $P(B \mid A) = 0.7$；

事件 B 在事件 A 不发生时的条件概率 $P(B \mid \neg A) = 0.3$。

计算事件 A 在事件 B 发生后的后验概率 $P(A \mid B)$。

3. 解释置信度和可信度的区别。为什么在某些情况下，可信度比置信度更重要？

4. 计算一个样本平均值的 95% 置信度区间，已知样本平均值为 100，标准误差为 5。

5. 简述 Dempster 的组合规则的基本原理。

6. 给定两个证据源的基本概率分配如下，计算合并后的基本概念分配 $m(A)$。

证据源 1：$m1(A) = 0.6$，$m1(B) = 0.3$，$m1(\{\varnothing\}) = 0.1$。

证据源 2：$m2(A) = 0.7$，$m2(B) = 0.2$，$m2(\{\varnothing\}) = 0.1$。

7. 定义模糊集和隶属度函数。为什么模糊逻辑适用于处理模糊信息？

8. 给定一个温度控制系统，模糊规则为"如果温度是高，那么风速是快"。假设当前温度的隶属度函数为：μ 高 $(30) = 0.8$，请计算对应的风速的隶属度。

本章参考文献

[1] 浙江大学. 概率论与数理统计 [M]. 5 版. 北京：高等教育出版社，2024.

[2] 左明辉. 模糊数学及其应用 [M]. 北京：机械工业出版社，2015.

第6章 智能体与多智能体系统

本章重点

(1) 理解智能体与多智能体系统的基本概念及特性。
(2) 熟悉智能体的体系结构及内部构成。
(3) 掌握智能体间的交互与协作机制。
(4) 了解多智能体系统的开发框架与设计流程。
(5) 探索多智能体系统在实际问题中的应用案例。

本章难点

(1) 智能体的不同体系结构设计及适用场景。
(2) 智能体间协作与通信的协议设计与实现。
(3) 多智能体系统中的分布式决策与协同问题解决。
(4) 多智能体系统开发框架的选择及具体应用。
(5) 在复杂环境下，多智能体系统的协调与冲突解决机制。

学习目标

(1) 理解智能体及多智能体系统的基本概念，区分智能体的不同体系结构类型。
(2) 掌握智能体的交互机制，理解智能体之间如何通过协作解决复杂任务。
(3) 熟悉多智能体系统的开发框架，并能够设计、实现简单的多智能体系统。
(4) 掌握多智能体系统中分布式协作与通信机制的设计。
(5) 通过实际案例，能够分析多智能体系统的应用场景及其解决复杂问题的优势。

　　智能体(Agent)和多智能体系统(Multi-Agent System，MAS)是人工智能领域中的重要研究方向之一。智能体是一个自主的实体，它能够感知环境、采取行动以实现目标。而多智能体系统则是由多个智能体组成的分布式系统，智能体之间通过交互与协作，共同解决复杂的问题。

　　本章首先介绍智能体与多智能体系统的基本概念和特点，深入探讨智能体的体系结构，包括简单反应型、基于模型的、目标导向、学习型和混合型。然后学习智能体之间如何通过通信与协作来完成任务，并了解多智能体系统的开发框架。最后通过对"火星探矿机器人"案例的分析，展示多智能体系统在实际问题中的应用。

6.1　智能体与多智能体系统简介

　　随着人工智能的发展，智能体和多智能体系统成为研究和应用的重要领域。

6.1.1　智能体的定义与特征

1. 智能体的定义

　　智能体是一个能够感知环境并自主行动以实现特定目标的计算实体。智能体可以是软件程序、机器人或其他具有自主性的系统。

2. 智能体的特征

　　智能体的特征有以下 4 点。

（1）自主性：智能体能够独立工作，依据自身的感知和决策能力采取行动。

（2）反应性：智能体能够感知环境的变化并迅速做出响应。

（3）主动性：智能体不仅能对环境变化做出响应，还能主动追求目标。

（4）社会性：智能体能够与其他智能体交互和协作，以完成更复杂的任务。

6.1.2　智能体的类型

　　智能体可以根据其功能和复杂程度分为 4 类。

1. 简单反应型智能体

　　简单反应型智能体只根据当前的环境感知做出响应，没有内在的状态或历史记忆，如简单的机器人避障行为。

2. 基于模型的智能体

　　基于模型的智能体具有内部状态和环境模型，能够预测环境变化并做出决策，如自动驾驶汽车使用环境模型规划路径。

3. 目标导向智能体

　　目标导向智能体追求特定目标，能够根据目标调整行动计划，如智能助手根据用户请求完成任务。

4. 学习型智能体

　　学习型智能体通过学习机制（如强化学习）不断改进自身的决策和行为策略，如

AlphaGo 学习和改进围棋策略。

6.1.3 多智能体系统的概念

1. 多智能体系统

多智能体系统是由多个相互作用的智能体组成的系统，通过协作或竞争完成复杂任务。

多智能体系统具有分布式、动态和复杂性等特点。

2. 多智能体系统的优点

多智能体系统的优点有以下 3 点。

(1)分布式解决问题：将复杂问题分解给多个智能体处理，提高系统的效率和鲁棒性。

(2)灵活性和可扩展性：智能体可以独立增加或移除，系统具有良好的可扩展性。

(3)容错性：单个智能体的故障不会导致系统整体失效，可提高系统的容错能力。

6.1.4 多智能体系统的应用

多智能体系统在各个领域有广泛的应用，以下是一些典型的应用领域。

1. 机器人群体

机器人协作完成任务，如仓库管理、搜救行动和无人机编队飞行。

2. 智能交通系统

车辆协同控制和交通流量优化，提高交通系统的效率和安全性。

3. 分布式计算

多智能体系统协作完成复杂计算任务，如数据处理和分布式优化。

4. 电子商务

智能代理用于自动化交易、动态定价和供应链管理。

5. 智能电网

多智能体系统用于电力分配和负载平衡，提高电网的稳定性和效率。

6.2 智能体体系结构

智能体体系结构是指智能体内部的组织和结构，它决定了智能体如何感知环境、做出决策并采取行动。不同的智能体体系结构适用于不同类型的任务和应用场景。

6.2.1 智能体体系结构的基本类型

智能体体系结构主要包括以下几种基本类型。

1. 简单反应型智能体体系结构

简单反应型智能体体系结构的特征是：基于条件–行动规则，直接根据当前感知做出响应，没有内部状态。

简单反应型智能体体系结构的优点是：快速反应，适用于简单环境和任务。

简单反应型智能体体系结构的缺点是：无法处理复杂任务和需要历史信息的情境。

简单反应型智能体体系结构示意图如图 6-1 所示。

图 6-1　简单反应型智能体体系结构示意图

2. 基于模型的智能体体系结构

基于模型的智能体体系结构的特征是：拥有内部状态和环境模型，能够根据历史信息和当前感知进行决策。

基于模型的智能体体系结构的优点是：能够处理复杂任务和动态环境。

基于模型的智能体体系结构的缺点是：计算复杂度较高，反应速度相对较慢。

基于模型的智能体体系结构示意图如图 6-2 所示。

图 6-2　基于模型的智能体体系结构示意图

3. 目标导向智能体体系结构

目标导向智能体体系结构的特征是：智能体根据预定义的目标进行决策，使用目标和计划来指导行为。

目标导向智能体体系结构的优点是：能够灵活适应不同的任务和目标。

目标导向智能体体系结构的缺点是：目标的选择和优先级设置可能较为复杂。

目标导向智能体体系结构示意图如图 6-3 所示。

4. 学习型智能体体系结构

学习型智能体体系结构的特征是：智能体通过学习机制(如强化学习)不断改进自身的决策和行为策略。

学习型智能体体系结构的优点是：能够在变化的环境中不断优化性能。

学习型智能体体系结构的缺点是：学习过程可能需要大量的计算资源和时间。

学习型智能体体系结构示意图如图 6-4 所示。

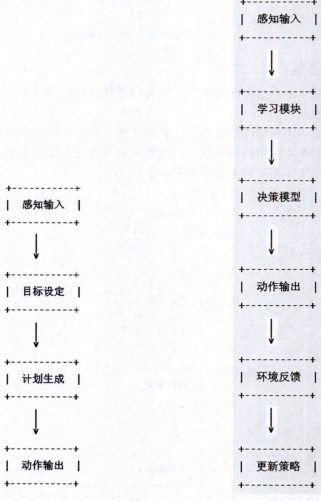

图 6-3　目标导向智能体体系结构示意图　　图 6-4　学习型智能体体系结构示意图

6.2.2　混合型智能体体系结构

混合型智能体体系结构结合了上述多种体系结构的优点，能设计出既能快速反应又能处理复杂任务的智能体。

混合型智能体体系结构的特征是：融合了简单反应型、基于模型的、目标导向和学习型等多种体系结构的优点。

混合型智能体体系结构的优点是：具有多种体系结构的优点，能够处理复杂且多变的环境。

混合型智能体体系结构的缺点是：设计和实现较为复杂。

混合型智能体体系结构示意图如图 6-5 所示。

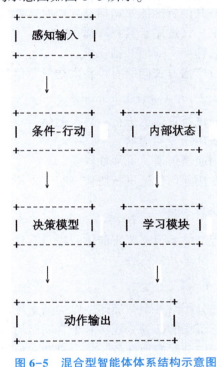

图 6-5　混合型智能体体系结构示意图

6.3　智能体间的交互与协作

在多智能体系统中，多个智能体需要相互交互和协作，以完成复杂任务。智能体间的交互方式和协作机制是多智能体系统成功的关键。

6.3.1　智能体间的交互方式

智能体间的交互方式可以分为以下几种。

1. 直接通信（Direct Communication）

直接通信指智能体通过明确的消息传递机制进行信息交换。

其优点是：通信明确，信息传递可靠。

其缺点是：需要预先定义通信协议，通信开销较大。

例如，机器人团队通过无线网络进行实时通信，协调行动。

2. 间接通信(Indirect Communication)

间接通信指智能体通过改变环境中的状态进行信息传递，也称为环境介导通信。

其优点是：简单，无须复杂通信协议。

其缺点是：信息传递效率较低，存在信息丢失的可能。

例如，蚂蚁通过信息素传递信息，标记食物来源。

3. 广播通信(Broadcast Communication)

广播通信指智能体向所有其他智能体发送信息，所有智能体均能接收。

其优点是：信息传递范围广，适用于紧急广播。

其缺点是：容易导致信息拥塞，通信开销较大。

例如，灾害预警系统通过广播方式向所有设备发送紧急信息。

4. 点对点通信(Point-to-Point Communication)

点对点通信指智能体间通过特定信道进行一对一通信。

其优点是：通信精确，适用于专用通信。

其缺点是：需要建立专用通信信道，灵活性较差。

例如，无人机之间通过专用通信信道进行协作飞行。

6.3.2 智能体间的协作机制

为了完成复杂任务，多智能体系统需要智能体间进行有效的协作。常见的协作机制包括以下几点。

1. 任务分配(Task Allocation)

任务分配指将任务分解并分配给各个智能体，以提高系统效率。

任务分配的方法有：基于市场的任务分配、基于合同网的任务分配等。

例如，机器人团队在仓库中分配搬运任务，每个机器人负责特定区域的货物搬运。

2. 角色分配(Role Assignment)

角色分配指为智能体分配不同的角色，使其在特定角色下执行任务。

角色分配的方法有：基于角色模型的分配、基于能力的分配等。

例如，无人机编队中，不同无人机执行侦察、攻击、支援等不同角色的任务。

3. 协同规划(Collaborative Planning)

协同规划指智能体通过协作进行整体规划，以实现全局最优。

协同规划的方法有：分布式规划、分层规划等。

例如，自动驾驶车队在城市交通中协同规划行驶路线，避免交通拥堵。

4. 信息共享(Information Sharing)

信息共享指智能体间共享感知信息和状态，以提高整体认知能力。

信息共享的方法有：共享黑板系统、分布式数据共享等。

例如，搜索救援任务中，机器人团队共享环境感知信息，提高搜索效率。

6.3.3　智能体交互与协作的挑战

在多智能体系统中，实现智能体间的高效交互和协作面临多种挑战。

1. 通信延迟和可靠性

智能体间的通信延迟和信息丢失可能导致协作失效，需要设计高可靠性的通信机制。

2. 冲突和竞争

多个智能体可能在资源分配或任务执行中产生冲突，需要解决冲突的机制，如仲裁、博弈论等。

3. 动态环境适应

智能体需要在动态变化的环境中快速调整策略，保持协作的有效性。

4. 规模和复杂性

随着智能体数量增加，系统的规模和复杂性显著提升，需要设计可扩展的协作机制。

6.4　多智能体系统的开发框架

多智能体系统的开发框架提供了一套工具和方法，帮助开发者设计、实现和测试多智能体系统。这些框架通常提供智能体模型、通信机制、协作协议等，简化了多智能体系统的开发过程。

6.4.1　多智能体系统开发框架的基本功能

多智能体系统的开发框架通常提供以下基本功能。

1. 智能体模型

智能体模型的作用是：定义智能体的内部结构和行为，包括感知、决策和行动等功能模块。如智能体的状态机、规则引擎、决策树等。

2. 通信机制

通信机制的作用是：提供智能体间的信息传递机制，包括消息传递、共享内存和广播通信等。如消息传递接口、通信协议、网络通信模块等。

3. 协作协议

协作协议的作用是：定义智能体间的协作和协调机制，包括任务分配、角色分配和协同规划等。如合同网协议、拍卖协议、角色分配算法等。

4. 开发工具

开发工具的作用是：提供智能体设计、测试和调试的工具，包括可视化界面、仿真环境和日志分析工具等。如智能体编辑器、调试器、仿真平台等。

5. 集成支持

集成支持的作用是：支持与其他系统和平台的集成，如数据库、Web 服务、云计算平台等。如 AP(应用程序编程接口)、数据交换格式、集成插件等。

6.4.2 常见的多智能体系统开发框架

1. JADE(Java Agent Development Framework)

JADE 是一个基于 Java 的多智能体系统开发框架,提供智能体模型、通信机制和协作协议等功能。

其特点是:支持 FIPA(Foundation for Intelligent Physical Agents)标准,具有良好的可扩展性和易用性。

JADE 广泛应用于学术研究和工业项目,如智能交通、电子商务和网络管理等。

2. Repast(Recursive Porous Agent Simulation Toolkit)

Repast 是一个多智能体仿真框架,支持复杂系统建模和仿真。

其特点是:提供丰富的建模工具和仿真环境,支持多种编程语言(Java、Python、.NET等)。

Repast 广泛应用于社会科学、经济学、生态学等领域的多智能体仿真研究。

3. NetLogo

NetLogo 是一个简单易用的多智能体建模环境,特别适合教育和研究。

其特点是:提供直观的图形界面和脚本语言,易于上手,适合快速开发和测试多智能体模型。

NetLogo 广泛应用于教育、社会科学和生物学等领域的教学和研究。

4. GAMA(GIS and Agent-based Modeling Architecture)

GAMA 是一个专注于空间和地理信息系统(GIS)应用的多智能体系统开发框架。

其特点是:支持复杂的空间建模和仿真,具有强大的可视化和分析工具。

GAMA 广泛应用于城市规划、环境科学和灾害管理等领域。

6.4.3 多智能体系统开发的步骤

开发多智能体系统通常包括以下步骤。

(1)需求分析:确定系统的功能需求和性能要求,分析多智能体系统的应用场景和目标。

(2)体系结构设计:设计智能体的体系结构和交互协议,确定智能体的类型、数量和功能模块。

(3)智能体实现:使用开发框架实现智能体的感知、决策和行动功能,编写智能体的行为规则和算法。

(4)通信和协作:实现智能体间的通信机制和协作协议,测试智能体的交互和协调功能。

(5)仿真和测试:在仿真环境中测试多智能体系统的性能和稳定性,调整系统参数和优化算法。

(6)部署和运行:部署多智能体系统到实际环境中,监控系统的运行状态和性能表现,进行维护和升级。

6.5　案例分析

在本节中，将通过火星探矿机器人的案例分析，展示多智能体系统在实际应用中的实现过程和效果，帮助读者更好地理解多智能体系统的实际应用。

火星探矿任务是一个典型的多智能体系统应用场景。在这个任务中，多个自主机器人需要协同工作，以完成火星表面的矿物勘探和采集任务。由于火星环境的复杂性和未知性，机器人必须具备高效的协作和灵活的应变能力。

1. 案例背景

任务目标：在火星表面勘探矿物资源，采集矿样并返回基地。

环境特点：火星表面环境复杂，存在未知地形和气候变化，通信延迟较大。

系统要求：高效的资源勘探能力、可靠的通信机制和自主决策能力。

2. 系统架构设计

1）智能体类型

勘探机器人：负责矿物资源的勘探和初步分析。

采集机器人：负责采集矿样并运输回基地。

基地主机器人：负责任务协调和数据处理。

2）智能体功能模块

感知模块：通过传感器收集环境信息，如地形、矿物成分和气象数据。

决策模块：根据感知信息和任务要求，规划行动路径和任务执行策略。

行动模块：执行具体的勘探、采集和运输操作。

通信模块：实现智能体间的信息交换和协作。

3）通信与协作机制

任务分配：基地主机器人根据实时信息和任务优先级，动态分配任务给勘探机器人和采集机器人。

信息共享：各机器人通过无线网络共享环境感知数据和任务状态。

协同规划：机器人协同规划行动路径，避免碰撞和资源冲突。

3. 实现过程

1）需求分析

确定任务目标和系统要求，分析火星环境特点和通信限制。

2）体系结构设计

设计智能体的体系结构和功能模块，确定智能体类型和协作机制。

3）智能体实现

（1）用多智能体系统的开发框架(如 JADE 或 Repast)实现智能体的感知、决策、行动和通信功能。

（2）编写勘探和采集算法，优化任务执行策略。

4)通信与协作实现

(1)实现智能体间的无线通信机制,确保信息交换的及时性和可靠性。

(2)设计任务分配和协同规划算法,提高系统的整体效率。

5)仿真与测试

(1)在仿真环境中测试系统性能,模拟火星表面环境和任务执行过程。

(2)进行多轮测试和调试,优化系统参数和协作策略。

6)部署与运行

(1)将系统部署到实际的火星探矿任务中,监控系统的运行状态和任务执行效果。

(2)进行系统维护和升级,确保任务的持续成功。

火星探矿机器人系统的架构如图6-6所示。

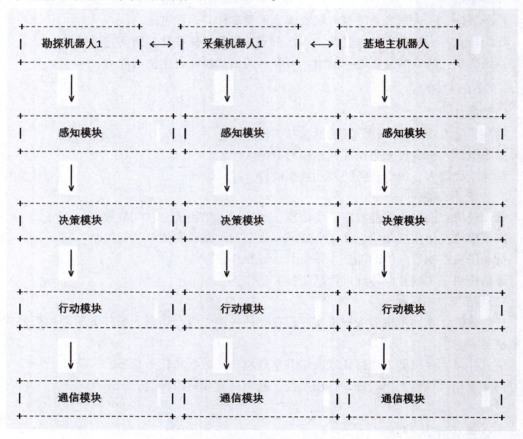

图6-6 火星探矿机器人系统的架构

通过火星探矿机器人案例,可以看到多智能体系统在复杂任务中的应用和实现过程。多智能体系统通过高效的通信与协作机制,能够在复杂环境中完成具有挑战性的任务。这个案例展示了智能体间的任务分配、信息共享和协同规划的重要性,为读者提供了一个实际的应用参考。

6.6 练习与思考

1. 请简述智能体的定义，并列举智能体的四个主要特征。

2. 根据功能和复杂程度，智能体可以分为哪几种类型？请分别简要描述每种类型的特点。

3. 智能体间的交互方式有哪些？请简要描述直接通信和间接通信的区别。

4. 在多智能体系统中，任务分配和角色分配有何区别？请举一个具体的例子说明。

5. 请列举两个常见的多智能体系统开发框架，并简要描述其特点和应用领域。

6. 请简述火星探矿机器人案例中，智能体的主要功能模块有哪些？它们如何协作完成任务？

7. 你认为多智能体系统在哪些领域有广泛应用？请选取一个领域，简要描述其应用情况和带来的好处。

8. 在实际应用中，智能体间的协作机制可能面临哪些挑战？请举例说明，并讨论可能的解决方案。

9. 随着技术的发展，多智能体系统未来可能会有哪些新的应用场景和技术挑战？请结合当前的技术趋势进行预测和讨论。

本章参考文献

[1]石琼，李建中. 多智能体系统及其应用[M]. 北京：机械工业出版社，2012.

[2]邓杰. 智能体与多智能体系统导论[M]. 北京：清华大学出版社，2015.

[3]RAUFF J V. Multi-Agent Systems：An Introduction to Distributed Artificial Intelligence [M]. Aiddlesex：Addison-Wesley Longman Publishing Company，1999.

第7章　自然语言处理

本章重点

(1) 理解自然语言处理的基本概念与核心技术。

(2) 掌握词法分析、句法分析和语义分析的基础方法。

(3) 了解大规模文本处理技术及其在实际应用中的挑战。

(4) 熟悉信息检索与机器翻译技术的工作原理与应用。

(5) 理解语音识别技术及其在自然语言处理中的应用场景。

本章难点

(1) 词法分析中的分词算法及词性标注的准确性。

(2) 句法分析中的句法树生成与解析技术。

(3) 语义分析的复杂性，尤其是词义消歧和语境理解。

(4) 大规模文本处理中的数据预处理与分布式计算挑战。

(5) 机器翻译系统中的对齐技术和翻译质量提升方法。

(6) 语音识别技术中语音信号的特征提取与语言模型的应用。

学习目标

(1) 掌握自然语言处理的基本概念及其主要任务，包括词法分析、句法分析和语义分析。

(2) 理解大规模文本处理技术，并能够处理海量文本数据中的信息抽取和词频统计。

(3) 熟悉信息检索与机器翻译的核心技术，理解其在多语言环境中的应用。

(4) 了解语音识别技术的原理与应用场景，并能分析语音信号的处理流程。

(5) 通过案例分析，能够应用自然语言处理技术解决实际问题，如翻译、文本处理和查询系统的构建。

自然语言处理（Natural Language Processing，NLP）是人工智能的重要分支，旨在使计算机能够理解、生成和分析人类语言。通过对语言的深入分析和处理，自然语言处理技术广泛应用于机器翻译、语音识别、文本分类、情感分析、信息检索等众多领域。

本章首先概述自然语言处理的基础知识，并深入探讨词法分析、句法分析和语义分析这三个核心技术。再介绍大规模文本处理技术以及在信息检索与机器翻译中的应用。然后介绍自然语言处理的一个重要方向——语音识别。最后通过多个实际案例，如在线汉英互译、中文词频统计等，使读者看到自然语言处理技术在实际场景中的应用。

7.1　自然语言处理概述

自然语言处理是人工智能的一个重要领域，它涉及计算机对人类语言的理解、生成和分析。自然语言处理的目标是让计算机能够以自然语言与人类交流，并处理大量的文本数据。近年来，随着机器学习和深度学习的发展，自然语言处理技术取得了长足的进步，应用领域包括机器翻译、情感分析、文本分类、语音识别等。

自然语言处理的基本处理步骤通常包括词法分析、句法分析、语义分析以及大规模文本处理。词法分析是将文本分解成最小的语言单位，句法分析关注句子的结构，语义分析则旨在理解句子的实际意义。

7.2　词法分析

词法分析是自然语言处理中的一个关键步骤，涉及将文本分解成基本的语言单位，如单词、标点符号等。它是自然语言处理中最基础的步骤，为后续的句法分析和语义分析奠定基础。在不同的语言中，词法分析的复杂度和具体实现方法有所不同。对于英语这样的语言，单词之间有明确的空格分隔，词法分析相对简单；而对于中文、日文等没有明确分隔符的语言，词法分析的挑战性更高。

7.2.1　分词

分词是词法分析的第一步，尤其在中文自然语言处理中显得尤为重要。分词的目标是将连续的文本划分为独立的词语。在英文中，这个过程比较简单，因为单词之间通常由空格分隔。然而，在中文中，分词则需要根据词汇表和上下文来确定哪些字符应该组合在一起构成一个词。

1. 分词算法

分词算法有以下 3 种。

（1）基于规则的方法：利用预定义的词典和规则进行分词。这种方法简单易行，但对词典的依赖较大，难以处理新词。

（2）基于统计的方法：利用大规模语料库，如隐马尔可夫模型（Hidden Markov Model，

HMM）和条件随机场（Conditional Random Field，CRF），通过计算词频、共现概率等统计信息进行分词。

（3）基于深度学习的方法：利用深度学习模型，如循环神经网络（Recurrent Neural Network，RNN）、长短时记忆网络（Long Short-Term Memory Network，LSTM）以及 Transformer 等进行分词。这种方法能够更好地捕捉上下文信息。

2. 分词示例

使用 jieba 库进行中文分词的 Python 示例如图 7-1 所示。

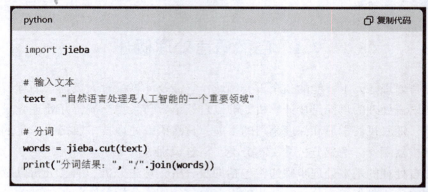

图 7-1　使用 jieba 库进行中文分词的 Python 示例

输出示例如图 7-2 所示。

```
复制代码

分词结果：　自然语言处理/是/人工智能/的/一个/重要/领域
```

图 7-2　中文分词的输出示例

在这个示例中，中文句子被分解成了若干独立的词语，如"自然语言处理""人工智能""重要"等。

7.2.2　词性标注

词性标注（Part-of-Speech Tagging）是词法分析的另一部分，旨在为每个词分配一个适当的词性标签，如名词、动词、形容词等。词性标注在理解文本的语法结构和语义信息方面起着重要的作用。

1. 词性标注算法

词性标注算法有以下 3 种。

（1）基于规则的方法：使用预定义的词性标注规则，将每个词标注为特定的词性。规则可以基于词的词典信息和上下文模式。

（2）基于统计的方法：利用大规模已标注的语料库如隐马尔可夫模型和最大熵模型，进行训练，以确定词性标注的概率。

（3）基于深度学习的方法：利用神经网络，特别是 LSTM 和 Bi-LSTM 模型，进行词性标注。这些模型可以通过学习大量的训练数据，自动捕捉词的上下文信息。

2. 词性标注示例

使用 jieba 库进行中文词性标注的 Python 示例如图 7-3 所示。

```python
import jieba.posseg as pseg

# 输入文本
text = "自然语言处理是人工智能的一个重要领域"

# 词性标注
words = pseg.cut(text)
print("词性标注结果：")
for word, flag in words:
    print(f"{word}: {flag}")
```

图 7-3　使用 jieba 库进行中文词性标注的 Python 示例

输出示例如图 7-4 所示。

```makefile
词性标注结果：
自然语言处理：n
是：v
人工智能：n
的：uj
一个：m
重要：a
领域：n
```

图 7-4　中文词性标注的输出示例

在这个示例中，每个词都被标注了相应的词性，如"自然语言处理"为名词(n)、"是"为动词(v)、"重要"为形容词(a)等。这些标签有助于理解句子的结构和含义。

7.2.3　词干提取和词形还原

词干提取(Stemming)和词形还原(Lemmatization)是处理语言变体的重要步骤。词干提取是将单词还原为其词根形式，如将"running"转换为"run"。词形还原更进一步，考虑了单词的词性和词汇形式，将其转换为词典中的标准形式。

使用 nltk 库进行英文词干提取的 Python 示例如图 7-5 所示。

```python
from nltk.stem import PorterStemmer

# 创建词干提取器
stemmer = PorterStemmer()

# 输入文本
words = ["running", "jumps", "easily", "fairly"]

# 词干提取
stems = [stemmer.stem(word) for word in words]
print("词干提取结果: ", stems)
```

图 7-5   使用 nltk 库进行英文词干提取的 Python 示例

输出示例如图 7-6 所示。

```css
词干提取结果: ['run', 'jump', 'easili', 'fairli']
```

图 7-6   英文词干提取的输出示例

7.2.4   词法分析图示

词法分析图示有分词过程图和词性标注图。
(1)分词过程图：展示原始中文句子和分词结果之间的关系。
(2)词性标注图：展示带有词性标注的句子结构。
例如，原始句子是"自然语言处理是人工智能的一个重要领域"。
标注结果是"自然语言处理/n 是/v 人工智能/n 的/uj 一个/m 重要/a 领域/n"。
通过示例，可以看出词法分析在自然语言处理中的重要性。它为后续的句法分析和语义分析提供了必要的基础，使计算机能够更好地理解和处理自然语言。

7.3   句法分析

句法分析(Syntactic Analysis)，也称为语法分析，是自然语言处理的重要步骤。它的目的是确定句子的结构，识别句子中词语之间的关系，以形成句法树或依存关系图。句法分析在机器翻译、信息提取、问答系统等应用中发挥着重要作用。通过理解句子的结构，计算机可以更准确地处理复杂的语言现象。

7.3.1   句法分析的类型

句法分析主要有两种类型：成分句法分析和依存句法分析。
(1)成分句法分析：关注句子中短语结构的层次划分，将句子划分为一系列嵌套的短语，如名词短语(NP)、动词短语(VP)等。它生成的是一个树形结构，称为成分树或句法树，表示句子的层次关系。

(2)依存句法分析：关注词语之间的直接依赖关系，强调句子中词与词之间的连接和依赖。它生成的是一个依存关系图，其中每个词作为节点，依存关系作为有向边，构成整个句子的依存结构。

7.3.2　句法分析算法

句法分析的实现通常依赖于规则、统计模型和深度学习模型。

(1)基于规则的方法：使用上下文无关文法(CFG)等规则进行句法分析。这种方法需要手动编写语法规则，对于复杂句子的覆盖能力有限。

(2)基于统计的方法：利用统计模型，如概率上下文无关文法(PCFG)和最大熵模型，对大量标注好的句法树进行训练，以获取句法结构的概率分布。

(3)基于深度学习的方法：利用深度学习模型，如循环神经网络、长短时记忆网络以及 Transformer 进行句法分析。这种方法显著提高了分析的准确性。

7.3.3　成分句法分析示例

使用 nltk 库进行成分句法分析的 Python 示例如图 7-7 所示。

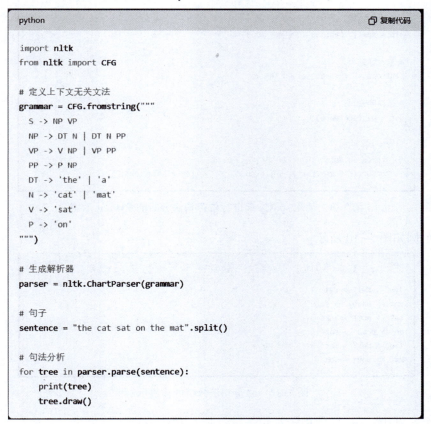

```python
import nltk
from nltk import CFG

# 定义上下文无关文法
grammar = CFG.fromstring("""
  S -> NP VP
  NP -> DT N | DT N PP
  VP -> V NP | VP PP
  PP -> P NP
  DT -> 'the' | 'a'
  N -> 'cat' | 'mat'
  V -> 'sat'
  P -> 'on'
""")

# 生成解析器
parser = nltk.ChartParser(grammar)

# 句子
sentence = "the cat sat on the mat".split()

# 句法分析
for tree in parser.parse(sentence):
    print(tree)
    tree.draw()
```

图 7-7　使用 nltk 库进行成分句法分析的 Python 示例

输出示例如图7-8所示。

```scss
(S
  (NP (DT the) (N cat))
  (VP (V sat) (PP (P on) (NP (DT the) (N mat)))))
```

图7-8　成分句法分析的输出示例

在这个示例中，使用了一个简单的上下文无关文法来对句子"the cat sat on the mat"进行句法分析。nltk.ChartParser根据语法规则生成句法树，可以通过tree.draw方法以图形方式展示句法树。

7.3.4　依存句法分析示例

依存句法分析关注的是词语之间的直接依赖关系。使用spaCy库进行依存句法分析的Python示例如图7-9所示。

```python
import spacy

# 加载英文模型
nlp = spacy.load('en_core_web_sm')

# 输入句子
sentence = "The cat sat on the mat."

# 依存句法分析
doc = nlp(sentence)

# 打印依存关系
for token in doc:
    print(f"{token.text} -> {token.dep_} -> {token.head.text}")
```

图7-9　使用spaCy库进行依存句法分析的Python示例

输出示例如图7-10所示。

```rust
The -> det -> cat
cat -> nsubj -> sat
sat -> ROOT -> sat
on -> prep -> sat
the -> det -> mat
mat -> pobj -> on
```

图7-10　依存句法分析的输出示例

在这个示例中，spaCy库用于对句子进行依存句法分析。每个单词的依存关系都打印出来，例如，"The"依赖于"cat"（定语修饰），"cat"是"sat"的主语。

7.3.5　句法分析图示

成分句法树是一棵树形结构，表示句子的层次关系，如图 7-11 所示。

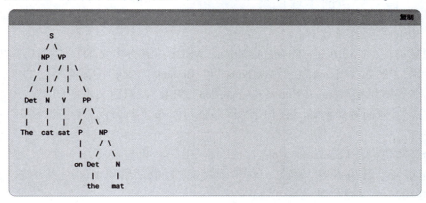

图 7-11　成分句法树

该图展示了句子"the cat sat on the mat"的成分结构。

依存关系图显示词语之间的直接关系，可以用箭头连接词语，指向它们所依赖的词，如图 7-12 所示。

图 7-12　依存关系图

7.3.6　应用场景

句法分析的应用场景有以下几种。

（1）机器翻译：通过句法分析，机器可以理解源语句的结构，从而更准确地将其翻译成目标语言。

（2）信息提取：句法分析帮助机器识别文本中的实体和事件，以及它们之间的关系。

（3）问答系统：通过句法分析，系统可以更好地理解用户的问题，提取关键的语义信息。

句法分析是自然语言处理中的核心任务，它为计算机理解和处理复杂句子结构提供了必要的工具。通过分析句子的组成部分和词语之间的关系，计算机可以更准确地执行各种自然语言处理任务。

7.4　语义分析

语义分析是自然语言处理中的一个关键环节，它的目标是理解句子的实际含义。不同于句法分析侧重于语言结构，语义分析关注的是句子的深层含义，包括词汇意义、语境关系、逻辑关系等。它在机器翻译、信息检索、问答系统、情感分析等领域有着广泛的应用。

7.4.1　语义分析的主要任务

语义分析的主要任务如下。

（1）词义消歧（Word Sense Disambiguation，WSD）：解决多义词在不同上下文中具有不同含义的问题。例如，"bank"在"river bank"和"financial bank"中具有不同的含义。

（2）命名实体识别（Named Entity Recognition，NER）：识别文本中的实体，如人名、地名、组织机构、时间等。例如，在句子"苹果公司发布了新产品"中，识别出"苹果公司"是一个组织名。

（3）语义角色标注（Semantic Role Labeling，SRL）：确定句子中各个成分的语义角色，如动作的施事者、受事者等。例如，在句子"约翰打电话给玛丽"中，"约翰"是执行者，"打电话"是动作，"玛丽"是受事者。

（4）共指消解（Coreference Resolution）：识别文本中指代同一实体的不同表达方式。例如，在"约翰去看电影，他很喜欢"中，"他"指代"约翰"。

7.4.2　词义消歧示例

词义消歧是语义分析的一个基础任务，它的目标是根据上下文确定多义词的确切含义。词义消歧的 Python 示例如图 7-13 所示。

```python
from nltk.corpus import wordnet as wn

# 获取不同语义的词
word = 'bank'
meanings = wn.synsets(word)

# 输出所有的释义
for meaning in meanings:
    print(meaning, meaning.definition())
```

图 7-13　词义消歧的 Python 示例

输出示例如图 7-14 所示。

```scss
Synset('bank.n.01') sloping land (especially the slope beside a body of water)
Synset('bank.n.02') a financial institution that accepts deposits and channels the money i
Synset('bank.v.01') tip laterally
...
```

图 7-14　词义消歧的输出示例

在这个示例中，使用 nltk 中的 wordnet 模块来获取单词"bank"的所有可能含义，包括河岸、银行、倾斜等。通过结合上下文，可以选择最合适的含义。

7.4.3　命名实体识别示例

命名实体识别是语义分析的一个重要任务，它用于识别文本中提到的实体，如人名、地点、组织机构等。使用 spaCy 库进行命名实体识别的 Python 示例如图 7-15 所示。

```python
import spacy

# 加载英文模型
nlp = spacy.load('en_core_web_sm')

# 输入句子
text = "Apple Inc. is looking at buying U.K. startup for $1 billion."

# 命名实体识别
doc = nlp(text)
for ent in doc.ents:
    print(ent.text, ent.label_)
```

图 7-15　使用 spaCy 库进行命名实体识别的 Python 示例

输出示例如图 7-16 所示。

```bash
Apple Inc. ORG
U.K. GPE
$1 billion MONEY
```

图 7-16　命名实体识别的输出示例

在这个示例中，spaCy 库识别出"Apple Inc."为组织（ORG），"U. K."为地理位置（GPE），"$1 billion"为金额（MONEY）。

7.4.4　语义角色标注示例

语义角色标注（Semantic Role Labeling，SRL）用于识别句子中各个成分的语义角色。使用 nltk 库进行语义角色标注的 Python 示例如图 7-17 所示。

```python
import nltk
from nltk import word_tokenize
from nltk.corpus import propbank

# 输入句子
sentence = "John called Mary."

# 分词
tokens = word_tokenize(sentence)

# 语义角色标注
rolesets = propbank.roleset(tokens)
for roleset in rolesets:
    print(roleset)
```

图 7-17　使用 nltk 库进行语义角色标注的 Python 示例

在这个示例中，使用 nltk 库中的 propbank 语料库对句子进行语义角色标注，可以获取句子中各成分的角色信息。

7.4.5 共指消解示例

共指消解是识别文本中不同表达形式指代同一实体的过程。共指消解的 Python 示例如图 7-18 所示。

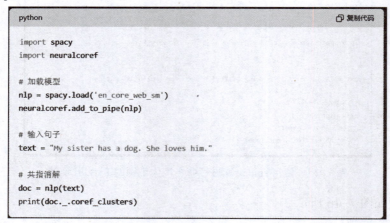

图 7-18 共指消解的 Python 示例

输出示例如图 7-19 所示。

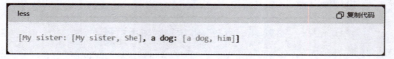

图 7-19 共指消解的输出示例

在这个示例中，共指消解识别出"She"指代"My sister"，"him"指代"a dog"。

7.4.6 语义分析图示

词义消歧图：展示一个多义词在不同上下文中的不同含义，如"bank"在"financial bank"和"river bank"中的不同含义。

命名实体识别图：展示文本中识别出的命名实体，并标注其类别，如组织、地点、时间等。

语义角色标注图：展示一个句子中不同成分的语义角色，例如，"约翰打电话给玛丽"，图中标注"约翰"为施事者、"打电话"为动作、"玛丽"为受事者。

共指消解图：展示一段文本中不同表达指代同一实体的关系，例如，"约翰去看电影，他很喜欢"，标注"他"指代"约翰"。

7.4.7 应用场景

语义分析的应用场景有以下几种。

（1）机器翻译：通过语义分析，机器可以更准确地理解句子的含义，提高翻译的质量。

（2）信息检索：在搜索中，语义分析可以帮助机器理解用户的查询意图，从而提供更准确的搜索结果。

（3）问答系统：语义分析可以帮助识别用户问题中的关键实体和关系，从而提供更准确的答案。

语义分析在自然语言处理中的重要性不言而喻。通过理解词语的实际含义和上下文关系，语义分析为计算机更深入地理解和处理人类语言提供了基础。

7.5　大规模文本处理

随着互联网的普及和信息的爆炸式增长，大规模文本处理已成为自然语言处理中的一个重要任务。它涉及对大量文本数据进行有效的预处理、存储、分析和检索。大规模文本处理的挑战在于如何快速处理海量数据，并从中提取有价值的信息。大规模文本处理常见的应用包括文本分类、情感分析、主题建模、搜索引擎和推荐系统等。

7.5.1　文本预处理

在对大规模文本进行处理之前，需要对文本进行预处理，这一步骤有助于简化数据，提高模型的性能。常见的文本预处理步骤有以下几个。

（1）分词：将文本分解为单个的词或短语。在中文中，分词尤为重要，因为中文没有明确的单词边界。

（2）去除停用词：去除常见的但对文本分析没有实际意义的词，如"the""is""and"等。

（3）小写转换：将所有文本转换为小写，以减少特征数量。

（4）词干提取和词形还原：将词还原为其基本形式，如将"running"转换为"run"。

（5）向量化：将文本转换为数值向量，以便机器学习模型进行处理。常用的方法包括词袋模型（Bag of Words）、TF-IDF（Term Frequency-Inverse Document Frequency）和词嵌入（Word Embeddings）。

文本预处理的 Python 示例如图 7-20 所示。

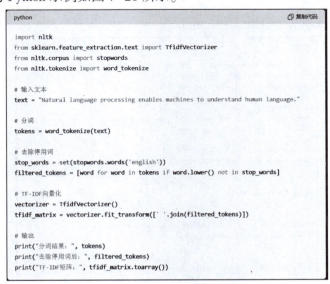

```python
import nltk
from sklearn.feature_extraction.text import TfidfVectorizer
from nltk.corpus import stopwords
from nltk.tokenize import word_tokenize

# 输入文本
text = "Natural language processing enables machines to understand human language."

# 分词
tokens = word_tokenize(text)

# 去除停用词
stop_words = set(stopwords.words('english'))
filtered_tokens = [word for word in tokens if word.lower() not in stop_words]

# TF-IDF向量化
vectorizer = TfidfVectorizer()
tfidf_matrix = vectorizer.fit_transform([' '.join(filtered_tokens)])

# 输出
print("分词结果: ", tokens)
print("去除停用词后: ", filtered_tokens)
print("TF-IDF矩阵: ", tfidf_matrix.toarray())
```

图 7-20　文本预处理的 Python 示例

输出示例如图 7-21 所示。

```lua
分词结果: ['Natural', 'language', 'processing', 'enables', 'machines', 'to', 'unde
去除停用词后: ['Natural', 'language', 'processing', 'enables', 'machines', 'underst
TF-IDF矩阵: [[0.35233261 0.35233261 0.35233261 0.35233261 0.35233261 0.
```

图 7-21　文本预处理的输出示例

7.5.2　大规模文本处理工具

处理大规模文本数据需要使用高效的工具和框架，以便快速地进行数据处理和分析。以下是一些常用的工具。

（1）Hadoop：一个分布式存储和处理框架，适用于处理大规模数据集。Hadoop 的核心组件 HDFS（Hadoop Distributed File System）用于存储大规模数据，而 MapReduce 用于并行处理数据。

（2）Apache Spark：一个用于大规模数据处理的快速、通用的分布式计算系统。Spark 支持内存中计算，速度比 Hadoop MapReduce 快很多。它提供了多种 API（应用程序编程接口），用于处理结构化数据、机器学习和图计算。

（3）Apache Kafka：一个分布式流处理平台，适用于实时数据处理。Kafka 可以处理实时流数据，并将其传送到不同的消费者系统中。

（4）Elasticsearch：一个分布式搜索引擎，适用于全文搜索、结构化搜索和分析。它能够对大规模文本数据进行快速的全文搜索和分析。

7.5.3　文本分类

文本分类是大规模文本处理中一个常见的任务，它的目标是将文本分配到预定义的类别中。例如，垃圾邮件过滤就是一种文本分类问题。常见的文本分类方法包括朴素贝叶斯、支持向量机、神经网络等。

文本分类的 Python 示例如图 7-22 所示。

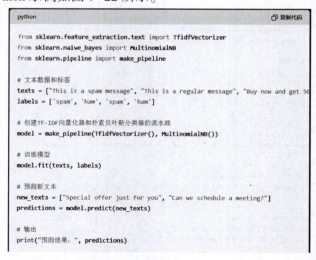

```python
from sklearn.feature_extraction.text import TfidfVectorizer
from sklearn.naive_bayes import MultinomialNB
from sklearn.pipeline import make_pipeline

# 文本数据和标签
texts = ["This is a spam message", "This is a regular message", "Buy now and get 50
labels = ['spam', 'ham', 'spam', 'ham']

# 创建TF-IDF向量化器和朴素贝叶斯分类器的流水线
model = make_pipeline(TfidfVectorizer(), MultinomialNB())

# 训练模型
model.fit(texts, labels)

# 预测新文本
new_texts = ["Special offer just for you", "Can we schedule a meeting?"]
predictions = model.predict(new_texts)

# 输出
print("预测结果: ", predictions)
```

图 7-22　文本分类的 Python 示例

输出示例如图 7-23 所示。

图 7-23　文本分类的输出示例

在这个示例中，使用 TF-IDF 向量化器和朴素贝叶斯分类器对文本进行分类，预测新文本的类别。

7.5.4　文本聚类

文本聚类是将相似的文本自动分组的过程，通常用于探索性数据分析。常用的文本聚类算法包括 K 均值(K-Means)聚类和层次聚类。

文本聚类的 Python 示例如图 7-24 所示。

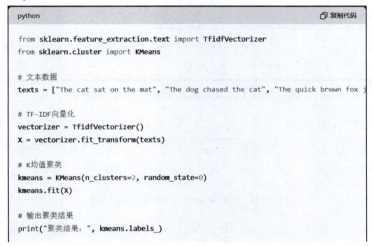

图 7-24　文本聚类的 Python 示例

输出示例如图 7-25 所示。

图 7-25　文本聚类的输出示例

在这个示例中，使用 K 均值聚类算法将文本分为两个类别。

7.5.5　文本搜索

文本搜索的目标是从大量文本数据中快速检索满足用户查询的相关信息。搜索引擎是这一领域的典型应用。Elasticsearch 是一个常用的分布式搜索引擎，支持全文搜索、结构化搜索和数据分析。

Elasticsearch 支持强大的全文搜索功能，可以处理和索引大量的文本数据，并快速进行查询。Elasticsearch 查询的 Python 示例如图 7-26 所示。

```python
from elasticsearch import Elasticsearch

# 连接Elasticsearch
es = Elasticsearch()

# 索引数据
es.index(index='documents', id=1, body={'text': 'The quick brown fox'})
es.index(index='documents', id=2, body={'text': 'The lazy dog'})

# 查询数据
query = {
    "query": {
        "match": {
            "text": "quick"
        }
    }
}

# 搜索
response = es.search(index='documents', body=query)

# 输出结果
print("搜索结果: ", response['hits']['hits'])
```

图 7-26　Elasticsearch 查询的 Python 示例

输出示例如图 7-27 所示。

```css
搜索结果: [{'_index': 'documents', '_type': '_doc', '_id': '1', '_score': 0.2876821, '_sou
```

图 7-27　Elasticsearch 查询的输出示例

在这个示例中，在 Elasticsearch 中索引了一些文档，并使用全文搜索来查找包含"quick"的文档。

7.5.6　应用场景

大规模文本处理的应用场景有以下几种。

（1）搜索引擎：通过大规模文本处理和全文搜索，搜索引擎可以在海量数据中快速找到与用户查询相关的信息。

（2）情感分析：在社交媒体数据或客户反馈中进行情感分析，了解用户对产品或服务的看法。

（3）主题建模：在大规模文本数据中发现潜在主题，帮助进行文档分类和信息检索。

（4）推荐系统：通过分析用户的文本数据，如评论、浏览记录，为用户推荐感兴趣的内容。

7.5.7　大规模文本处理流程图示

文本预处理图：展示文本预处理的各个步骤，如分词、去除停用词、词干提取和向量化等。

文本分类图：展示文本分类模型的训练和预测流程，包括文本输入、特征提取、模型训练和预测输出。

文本搜索图：展示搜索引擎的工作原理，包括文本索引、查询处理和结果排序等。

大规模文本处理是自然语言处理中的一个重要领域，通过对海量文本数据进行预处理、分类、聚类和搜索等操作，可以从中提取有价值的信息，支持各种实际应用。

7.6　信息检索与机器翻译

7.6.1　信息检索

信息检索（Information Retrieval，IR）是指在大量非结构化数据（如文档、网页）中找到满足用户查询的相关信息。信息检索系统，如搜索引擎，是互联网的核心组件。它们的主要目标是快速且准确地响应用户查询。

信息检索的基本流程分为以下几步。

（1）文本索引：将文本数据转换为一种易于搜索的形式。常用的方法是倒排索引，它将每个词与包含该词的文档列表关联起来。

（2）查询处理：将用户的查询转换为一种可以与索引进行匹配的格式，包括查询分词、去除停用词和词形归一化等。

（3）检索与排序：根据索引匹配查询，找到相关文档，并根据一定的排序算法（如 TF-IDF、BM25）对结果进行排序。

（4）结果呈现：将检索到的文档按照相关性排序并呈现给用户。

使用 Elasticsearch 对一组文档进行索引和查询的 Python 示例如图 7-28 所示。

```python
from elasticsearch import Elasticsearch

# 连接到Elasticsearch
es = Elasticsearch()

# 索引一些文档
es.index(index='documents', id=1, body={'text': 'Natural language processing enables machi
es.index(index='documents', id=2, body={'text': 'Machine translation is an application of

# 查询
query = {
    "query": {
        "match": {
            "text": "machine"
        }
    }
}

# 搜索
response = es.search(index='documents', body=query)

# 输出结果
print("搜索结果: ", response['hits']['hits'])
```

图 7-28　使用 Elasticsearch 对一组文档进行索引和查询的 Python 示例

输出示例如图 7-29 所示。

```css
搜索结果: [{'_index': 'documents', '_id': '2', '_score': 0.2876821, '_source': {'text': 'M
```

图 7-29　索引和查询的输出示例

在这个示例中，使用 Elasticsearch 对一组文档进行索引和查询，以响应用户查询"machine"。

7.6.2　机器翻译

机器翻译（Machine Translation，MT）是自动将文本从一种语言翻译到另一种语言的技术。机器翻译是自然语言处理中的一个经典问题，经历了从基于规则的机器翻译、统计机器翻译到神经机器翻译的演变。

机器翻译方法分为以下几种类型。

（1）基于规则的机器翻译：使用手工编写的语法和词典规则进行翻译。这种方法难以扩展，无法应对语言的多样性和复杂性。

（2）统计机器翻译（Statistical Machine Translation，SMT）：基于大量平行语料库，使用概率模型进行翻译。例如，短语表、语言模型和对齐模型是统计机器翻译的核心组件。

（3）神经机器翻译（Neural Machine Translation，NMT）：使用神经网络模型，尤其是基于序列到序列（Seq2Seq）和 Transformer 的模型进行翻译。神经机器翻译能够更好地捕获上下文信息，生成更流畅的翻译结果。

机器翻译的 Python 示例如图 7-30 所示。

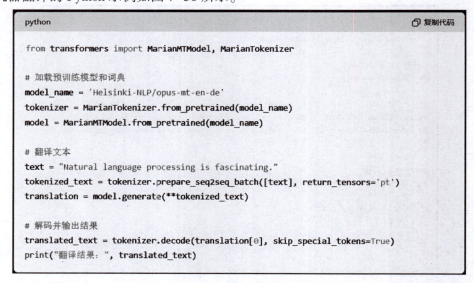

```python
from transformers import MarianMTModel, MarianTokenizer

# 加载预训练模型和词典
model_name = 'Helsinki-NLP/opus-mt-en-de'
tokenizer = MarianTokenizer.from_pretrained(model_name)
model = MarianMTModel.from_pretrained(model_name)

# 翻译文本
text = "Natural language processing is fascinating."
tokenized_text = tokenizer.prepare_seq2seq_batch([text], return_tensors='pt')
translation = model.generate(**tokenized_text)

# 解码并输出结果
translated_text = tokenizer.decode(translation[0], skip_special_tokens=True)
print("翻译结果: ", translated_text)
```

图 7-30　机器翻译的 Python 示例

输出示例如图 7-31 所示。

```
复制代码

翻译结果: Die Verarbeitung natürlicher Sprache ist faszinierend.
```

图 7-31　机器翻译的输出示例

在这个示例中，使用 Helsinki-NLP 的预训练模型将一段英文文本翻译为德文文本。

7.6.3　应用场景

机器翻译的应用场景有以下几种。

(1)搜索引擎：利用信息检索技术，搜索引擎可以从海量网页中快速检索出与用户查询相关的内容。

(2)机器翻译服务：如谷歌翻译、微软翻译，利用神经机器翻译技术，为用户提供实时、高质量的翻译服务。

(3)跨语言信息检索：结合信息检索与机器翻译，用户可以使用一种语言查询并检索其他语言的文档。

7.7　语音识别

7.7.1　语音识别概述

语音识别(Automatic Speech Recognition，ASR)是将人类的语音信号转换为对应文本的技术。语音识别是人机交互的重要方式，应用广泛，包括语音助手、自动字幕生成、语音输入法等。语音识别的目标是让计算机准确地理解并转换人类的口头语言。

语音识别的基本流程分为以下几步。

(1)信号预处理：对输入的语音信号进行预处理，包括去噪、归一化等，以便后续的特征提取。

(2)特征提取：从语音信号中提取特征，常用的特征包括梅尔频率倒谱系数(Mel-Frequency Cepstral Coefficients，MFCC)、线性预测倒谱系数(Linear Predictive Cepstral Coefficients，LPCC)等。

(3)声学建模：将语音特征映射到声学模型，通常使用深度神经网络(Deep Neural Networks，DNN)、卷积神经网络(Convolutional Neural Networks，CNN)或长短时记忆网络(Long Short-Term Memory Networks，LSTM)进行建模。

(4)语言建模：根据词语的序列关系进行建模，常用的方法包括 n 元模型和循环神经网络等。

(5)解码：结合声学模型和语言模型，使用解码算法(如维特比算法)找到最优的词序列，输出文本。

7.7.2　语音识别示例

使用 transformers 库和预训练的 Wav2Vec 2.0 模型进行语音识别的 Python 示例如图

7-32所示。

```python
from transformers import Wav2Vec2ForCTC, Wav2Vec2Tokenizer
import torch
import torchaudio

# 加载预训练模型和词典
model_name = "facebook/wav2vec2-base-960h"
tokenizer = Wav2Vec2Tokenizer.from_pretrained(model_name)
model = Wav2Vec2ForCTC.from_pretrained(model_name)

# 加载音频文件
speech_array, sampling_rate = torchaudio.load("path/to/audio.wav")
# 重新采样到16kHz
resampler = torchaudio.transforms.Resample(sampling_rate, 16000)
speech = resampler(speech_array).squeeze().numpy()

# 对音频进行分词
input_values = tokenizer(speech, return_tensors="pt").input_values

# 语音识别
with torch.no_grad():
    logits = model(input_values).logits

# 解码结果
predicted_ids = torch.argmax(logits, dim=-1)
transcription = tokenizer.decode(predicted_ids[0])
print("识别结果: ", transcription)
```

图 7-32　语音识别的 Python 示例

输出示例如图 7-33 所示。

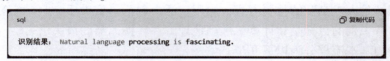

```sql
识别结果: Natural language processing is fascinating.
```

图 7-33　语音识别的输出示例

在这个示例中，使用预训练的 Wav2Vec 2.0 模型对音频文件进行语音识别，并将语音转换为文本。

7.7.3　语音识别的挑战

语音识别目前面临的挑战有以下几点。

（1）噪声和环境干扰：在嘈杂的环境中，语音信号容易受到干扰，导致识别准确率下降。

（2）口音和语速变化：不同的口音、方言和语速对语音识别系统的性能提出了挑战。

（3）同音词辨别：许多语言中存在大量同音词，需要依靠上下文和语言模型进行区分。

7.7.4　应用场景

语音识别的应用场景有以下几点。

（1）语音助手：如 Siri、Alexa，通过语音识别技术，能够理解用户的口头指令并执行操作。

（2）自动字幕生成：为视频或会议自动生成实时字幕，方便记录。

（3）语音输入法：将语音转换为文本，提高文字输入的效率。

7.7.5　信息检索与语音识别图示

信息检索图：展示文本索引、查询处理、检索与排序、结果呈现等信息检索过程。

语音识别图：展示信号预处理、特征提取、声学建模、语言建模、解码等语音识别过程。

信息检索、机器翻译以及语音识别是自然语言处理的关键应用领域。信息检索为我们提供了快速获取所需信息的能力，而机器翻译和语音识别则使得跨语言交流和人机交互更加便捷。

7.8　案例分析

在本节中，将通过一些实际案例，来展示自然语言处理技术的应用。通过这些案例，可以了解自然语言处理技术在不同领域的实际操作和应用效果。

7.8.1　在线汉英互译

在线汉英互译是机器翻译的一种典型应用，它涉及将中文文本自动翻译成英文文本，反之亦然。在现代翻译系统中，通常使用神经机器翻译模型，如 Transformer、BERT、GPT 等。

使用 Hugging Face 的 transformers 库中的预训练模型进行在线汉英互译的 Python 示例如图 7-34 所示。

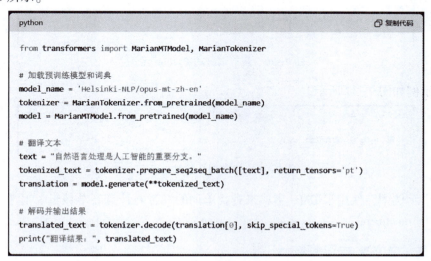

```python
from transformers import MarianMTModel, MarianTokenizer

# 加载预训练模型和词典
model_name = 'Helsinki-NLP/opus-mt-zh-en'
tokenizer = MarianTokenizer.from_pretrained(model_name)
model = MarianMTModel.from_pretrained(model_name)

# 翻译文本
text = "自然语言处理是人工智能的重要分支。"
tokenized_text = tokenizer.prepare_seq2seq_batch([text], return_tensors='pt')
translation = model.generate(**tokenized_text)

# 解码并输出结果
translated_text = tokenizer.decode(translation[0], skip_special_tokens=True)
print("翻译结果：", translated_text)
```

图 7-34　在线汉英互译的 Python 示例

输出示例如图 7-35 所示。

```sql
翻译结果： Natural language processing is an important branch of artificial intelligence.
```

图 7-35　在线汉英互译的输出示例

在这个示例中，使用 Helsinki-NLP 的预训练模型将中文翻译成英文。这种在线翻译服务通常在后台运行类似的模型，通过不断改进和调整，以提供更准确的翻译。

7.8.2　音节划分

音节划分在语音合成和语音识别中有重要应用。它涉及将单词分解成音节，以便于发音和处理。音节划分在不同语言中规则不同，通常需要结合语言学知识进行。

使用 nltk 库进行简单的音节划分的 Python 示例如图 7-36 所示。

```python
import nltk
from nltk.corpus import cmudict

# 加载CMU字典
d = cmudict.dict()

def syllable_count(word):
    # 获取单词的发音列表
    pronunciation_list = d.get(word.lower())
    if not pronunciation_list:
        return 0
    # 计算音节数量
    syllable_counts = [len([s for s in pronunciation if s[-1].isdigit()]) for pronunciatio
    return syllable_counts[0]

# 示例单词
word = "natural"
syllables = syllable_count(word)
print(f"单词 '{word}' 的音节数： ", syllables)
```

图 7-36　音节划分的 Python 示例

输出示例如图 7-37 所示。

```arduino
单词 'natural' 的音节数： 3
```

图 7-37　音节划分的输出示例

在这个示例中，使用了 CMU 字典来查找单词的发音并计算音节数量。对于"natural"，音节划分为"na-tu-ral"。

7.8.3　中文文本词频统计

词频统计是文本分析中的基础任务，有助于了解文本中的重要词汇。通过词频统计，可以找到文本中的高频词，进而进行关键词提取、情感分析等任务。

使用 jieba 库进行中文分词和词频统计的 Python 示例如图 7-38 所示。

```python
import jieba
from collections import Counter

# 输入文本
text = "自然语言处理是人工智能的重要分支，自然语言处理包括语音识别、自然语言理解、机器翻译等。"

# 分词
words = jieba.lcut(text)

# 统计词频
word_freq = Counter(words)
most_common_words = word_freq.most_common(5)

# 输出
print("最高频的5个词: ", most_common_words)
```

图 7-38　中文分词和词频统计的 Python 示例

输出示例如图 7-39 所示。

```css
高频的5个词: [('自然语言处理', 2), ('是', 1), ('人工智能', 1), ('的', 1), ('重要', 1)]
```

图 7-39　中文分词和词频统计的输出示例

在这个例子中，使用 jieba 库对中文文本进行分词，然后统计每个词的出现次数，找出高频词。

7.8.4　中文语句自动分析

中文语句自动分析包括分词、词性标注、依存句法分析等，它有助于理解中文语句的结构和语义。

使用 spaCy 库进行中文语句自动分析的 Python 示例如图 7-40 所示。

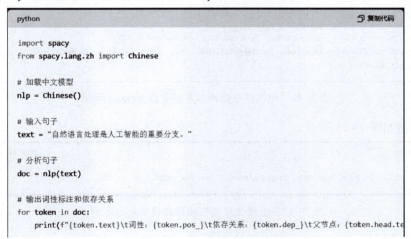

```python
import spacy
from spacy.lang.zh import Chinese

# 加载中文模型
nlp = Chinese()

# 输入句子
text = "自然语言处理是人工智能的重要分支。"

# 分析句子
doc = nlp(text)

# 输出词性标注和依存关系
for token in doc:
    print(f"{token.text}\t词性: {token.pos_}\t依存关系: {token.dep_}\t父节点: {token.head.te
```

图 7-40　中文语句自动分析的 Python 示例

输出示例如图 7-41 所示。

```
r                                                    复制代码
自然语言处理 词性：NOUN   依存关系：nsubj  父节点：是
是    词性：AUX   依存关系：ROOT   父节点：是
人工智能 词性：NOUN   依存关系：attr   父节点：是
的    词性：PART   依存关系：case   父节点：分支
重要   词性：ADJ   依存关系：amod   父节点：分支
分支   词性：NOUN   依存关系：attr   父节点：是
```

图7-41　中文语句自动分析的输出示例

在这个示例中，使用 spaCy 库对中文语句进行分词、词性标注和依存关系分析，得到语句的结构和词汇信息。

7.8.5　地理信息查询系统

地理信息查询系统（Geographic Information System，GIS）在自然语言处理中有实际应用，如从文本中提取地名信息，并在地图上进行展示或查询。这种系统通常结合命名实体识别和地理编码技术。

地理信息查询和可视化的 Python 示例如图 7-42 所示。

```python
import geopandas as gpd
import matplotlib.pyplot as plt
from geopy.geocoders import Nominatim

# 创建地理编码器
geolocator = Nominatim(user_agent="geoapiExercises")

# 查询地点
location = geolocator.geocode("New York, USA")
print(f"地点：{location.address}，坐标：({location.latitude}, {location.longitude})")

# 可视化
world = gpd.read_file(gpd.datasets.get_path('naturalearth_lowres'))
ax = world.plot(figsize=(10, 6))
plt.scatter(location.longitude, location.latitude, color='red')
plt.text(location.longitude, location.latitude, 'New York', fontsize=12, ha='right')
plt.show()
```

图7-42　地理信息查询和可视化的 Python 示例

输出示例如图 7-43 所示。

```sql
sql                                                    复制代码
地点：New York, New York, United States of America, 坐标：(40.7127281, -74.0060152)
```

图7-43　地理信息查询和可视化的输出示例

在这个示例中，使用 geopy 库进行地理编码，找到"New York，USA"的坐标，然后使用 geopandas 库进行可视化展示。

7.9　练习与思考

1. 使用不同的文本数据集(如新闻、社交媒体帖子)进行词频统计,分析其中的高频词。

2. 选择一个多义词,使用词义消歧技术在不同上下文中确定其正确含义。

3. 编写一个小程序,使用机器翻译模型对多段中文文本进行翻译,并评估翻译质量。

4. 使用地理信息查询系统,提取文本中的地名信息,并在地图上标注这些地点。

本章参考文献

[1]刘挺,王厚峰. 自然语言处理综论[M]. 2 版. 北京:清华大学出版社,2017.

[2]周志华. 机器学习[M]. 2 版. 北京:清华大学出版社,2021.

[3]王士进. 自然语言处理中的统计方法[M]. 北京:清华大学出版社,2014.

第8章 机器学习

（1）理解机器学习的基础概念、原理和分类。

（2）掌握基于符号的机器学习方法及其代表性算法。

（3）了解感知器模型及其在分类问题中的应用。

（4）理解反向传播算法在神经网络中的作用与应用。

本章难点

（1）机器学习中监督学习和非监督学习的差异与应用场景。

（2）感知器分类算法的工作原理及其在非线性问题中的局限性。

（3）非线性分类问题的解决方法，尤其是神经网络和核方法的使用。

（4）反向传播算法的数学基础及其在神经网络中的应用。

学习目标

（1）理解机器学习的基本原理，能够区分不同的学习类型（如监督学习、非监督学习、强化学习）。

（2）掌握基于符号的机器学习方法，理解基于符号的机器学习中的决策树、规则学习等方法。

（3）了解感知器的工作机制，能够应用感知器进行简单的线性分类任务。

（4）理解非线性分类问题的解决方法，尤其是多层感知器（Multi-Layer Perceptron，MLP）和反向传播算法的应用。

（5）通过案例分析，能够应用神经网络模型解决实际的分类与回归问题，并优化模型性能。

机器学习是人工智能的核心领域之一，旨在通过经验自动提高系统性能。机器学习算法能够在大量数据中发现规律，并基于这些规律进行预测、分类和决策。随着深度学习等新技术的兴起，机器学习已经广泛应用于语音识别、图像分类、自然语言处理等多个领域。

本章首先介绍机器学习的基础概念，探讨监督学习、非监督学习和强化学习的区别与应用场景。然后重点学习基于符号的机器学习方法，特别是感知器模型以及反向传播神经网络的应用。最后通过对几个具体案例的分析，包括感知器分类、非线性分类和反向传播神经网络的曲线拟合，读者将深入了解机器学习在实际问题中的应用。

8.1　机器学习基础

机器学习是人工智能的一个重要分支，旨在通过计算机对数据的分析和学习，实现对未知数据的预测或决策。机器学习的核心是使用算法从数据中学习模型，进而应用这些模型对新数据进行预测或分类。它广泛应用于语音识别、图像分类、自然语言处理、推荐系统等领域。

8.1.1　机器学习的定义

机器学习的目标是设计和开发能够从数据中自动改进其性能的算法。根据学习的方式和目标，机器学习通常分为以下几类。

（1）监督学习（Supervised Learning）：利用带有标签的数据进行训练，学习输入与输出之间的映射关系。其任务包括分类和回归。

①分类：将数据点归类到预定义的类别中。例如，垃圾邮件过滤器将电子邮件分为"垃圾邮件"和"正常邮件"。

②回归：预测连续的数值输出。例如，预测房价、股票的走势。

（2）无监督学习（Unsupervised Learning）：在没有标签的数据上进行学习，目的是发现数据中的潜在结构或模式。其任务包括聚类和降维。

①聚类：将数据分为不同的组。例如，将客户分为不同的市场。

②降维：简化数据集的表示。例如，通过主成分分析（PCA）降低数据的维度。

（3）半监督学习（Semi-Supervised Learning）：结合少量带标签数据和大量未标签数据进行学习，以提高模型的性能。

（4）强化学习（Reinforcement Learning）：通过与环境的交互，学习如何采取行动以最大化累积奖励。其常用于机器人控制、游戏等领域。

8.1.2　机器学习的基本流程

机器学习的基本流程通常包括以下几个步骤。

（1）数据收集和预处理：收集并整理数据，包括数据清洗、处理缺失值、数据标准化等步骤。数据质量直接影响模型的性能。

（2）特征工程：选择和提取数据的特征，以提高模型的学习效果。特征工程包括特征选择、特征提取和特征缩放。

（3）模型选择：根据任务选择合适的模型，如线性回归、决策树、神经网络等。不同模型适用于不同类型的数据和任务。

（4）模型训练：使用训练数据集训练模型，调整模型参数以拟合数据。

（5）模型评估：使用测试数据集评估模型的性能，常用的评估指标包括准确率、精确率、召回率、F1 值、均方误差等。

（6）模型调优：根据评估结果，调整模型的参数和结构，优化模型性能。这通常涉及超参数调节、交叉验证等技术。

（7）模型部署与预测：将训练好的模型应用于实际数据进行预测或决策。

线性回归是一种基本的监督学习算法，适用于回归问题。它通过拟合一条直线来预测输出值。使用线性回归预测房价的 Python 示例如图 8-1 所示。

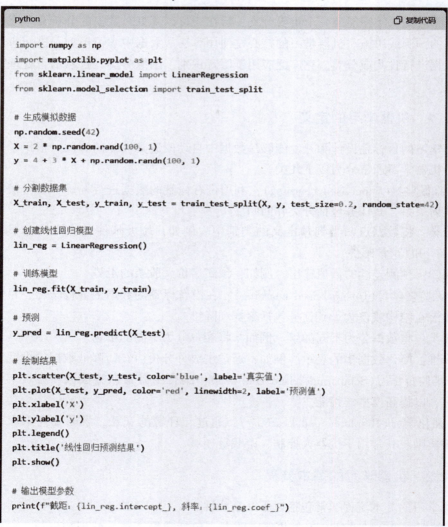

```python
import numpy as np
import matplotlib.pyplot as plt
from sklearn.linear_model import LinearRegression
from sklearn.model_selection import train_test_split

# 生成模拟数据
np.random.seed(42)
X = 2 * np.random.rand(100, 1)
y = 4 + 3 * X + np.random.randn(100, 1)

# 分割数据集
X_train, X_test, y_train, y_test = train_test_split(X, y, test_size=0.2, random_state=42)

# 创建线性回归模型
lin_reg = LinearRegression()

# 训练模型
lin_reg.fit(X_train, y_train)

# 预测
y_pred = lin_reg.predict(X_test)

# 绘制结果
plt.scatter(X_test, y_test, color='blue', label='真实值')
plt.plot(X_test, y_pred, color='red', linewidth=2, label='预测值')
plt.xlabel('X')
plt.ylabel('y')
plt.legend()
plt.title('线性回归预测结果')
plt.show()

# 输出模型参数
print(f"截距: {lin_reg.intercept_}, 斜率: {lin_reg.coef_}")
```

图 8-1　使用线性回归预测房价的 Python 示例

输出示例如图 8-2 所示。

```lua
截距：[4.38]，斜率：[[2.93]]
```

图 8-2　使用线性回归预测房价的输出示例

8.1.3　机器学习模型的评估指标

在机器学习中，模型的评估是关键的一步。不同任务有不同的评估指标，常用的指标包括分类任务评估指标和回归任务评估指标。

1. 分类任务评估指标

准确率（Accuracy）：预测正确的样本数量与样本总数之比。

精确率（Precision）：正确预测为正的样本数量与预测为正的样本总数之比。

召回率（Recall）：正确预测为正的样本数量与实际为正的样本总数之比。

F1 值（F1-score）：精确率和召回率的调和平均值，用于衡量分类模型的性能。

2. 回归任务评估指标

均方误差（Mean Squared Error，MSE）：预测值与真实值之差的平方的平均值。

平均绝对误差（Mean Absolute Error，MAE）：预测值与真实值之间绝对差的平均值。

R^2 系数（R^2 Score）：表示模型对数据的拟合程度。

评估线性回归模型的 Python 示例如图 8-3 所示。

```python
from sklearn.metrics import mean_squared_error, r2_score

# 计算MSE和R²
mse = mean_squared_error(y_test, y_pred)
r2 = r2_score(y_test, y_pred)

print(f"均方误差：{mse:.2f}")
print(f"R²系数：{r2:.2f}")
```

图 8-3　评估线性回归模型的 Python 示例

输出示例如图 8-4 所示。

```
均方误差：0.40
R²系数：0.94
```

图 8-4　评估线性回归模型的输出示例

在这个示例中，使用均方误差和 R^2 系数来评估线性回归模型的性能。较小的均方误差和接近 1 的 R^2 系数表示模型对数据具有较好的拟合能力。

8.1.4　机器学习的挑战与发展

机器学习虽然在很多领域取得了成功，但仍然面临着许多挑战。

（1）数据质量：机器学习模型的性能高度依赖于数据的质量。噪声、缺失值和不平衡数据都会影响模型的表现。

（2）模型泛化：模型在训练数据集上的表现不一定能很好地泛化到新的数据，容易出现过拟合和欠拟合问题。

（3）可解释性：深度学习等复杂模型通常具有较强的预测能力，但难以解释其内部的决策过程。

（4）计算资源：训练复杂的模型（如深度神经网络）需要大量的计算资源和时间。

随着研究的不断深入，机器学习领域正在发展出更高效、更强大的算法和工具，推动着人工智能的发展和应用。

本节介绍了机器学习的基础知识，包括机器学习的类型、基本流程和模型评估。通过实际示例，介绍了如何使用线性回归进行简单的预测任务。接下来，将探讨基于符号的机器学习。

8.2　基于符号的机器学习

基于符号的机器学习是机器学习的一个重要分支，它强调通过显式的规则、逻辑关系和知识表达来进行学习和推理。与基于数据驱动的机器学习方法不同，基于符号的机器学习方法更注重模型的可解释性和透明度。这种方法通常依赖于明确的规则和逻辑，可以直接理解和审查决策过程。

8.2.1　决策树

决策树是一种常用的基于符号的机器学习方法，它通过一系列的规则将数据集划分为不同的子集，从而构建一个树状结构。决策树中每个内部节点代表对某个特征的测试，每个分支代表测试的结果，每个叶子节点代表预测的类别或数值。

构建决策树的过程涉及选择特征和划分数据。常用的选择特征标准包括以下几点。

（1）信息增益：基于熵的概念，选择能够最大程度减少数据不确定性的特征。

（2）基尼不纯度：用于衡量数据的纯度，选择能最大程度降低基尼不纯度的特征。

（3）均方误差：在回归树中，选择能最小化均方误差的特征。

使用决策树进行分类的 Python 示例如图 8-5 所示。

```
from sklearn.datasets import load_iris
from sklearn.tree import DecisionTreeClassifier
from sklearn.model_selection import train_test_split
from sklearn.metrics import accuracy_score
import matplotlib.pyplot as plt
from sklearn import tree

# 加载数据集
iris = load_iris()
X, y = iris.data, iris.target

# 分割数据集
X_train, X_test, y_train, y_test = train_test_split(X, y, test_size=0.3, random_state=42)

# 创建决策树分类器
clf = DecisionTreeClassifier(criterion='entropy', random_state=42)

# 训练模型
clf.fit(X_train, y_train)

# 预测
y_pred = clf.predict(X_test)

# 评估准确性
accuracy = accuracy_score(y_test, y_pred)
print(f"决策树分类准确率：{accuracy:.2f}")

# 可视化决策树
plt.figure(figsize=(12, 8))
tree.plot_tree(clf, feature_names=iris.feature_names, class_names=iris.target_names, fille
plt.show()
```

图 8-5　使用决策树进行分类的 Python 示例

输出示例如图 8-6 所示。

```
🗐 复制代码

决策树分类准确率：0.98
```

图 8-6　使用决策树进行分类的输出示例

在这个示例中，使用决策树对鸢尾花数据集进行分类，并绘制了决策树的结构。决策树提供了一个清晰的决策过程，可以解释模型的预测。

8.2.2　规则学习

规则学习是基于符号的机器学习的另一种方法，旨在通过学习一组"如果……那么……"的规则来描述数据。每条规则由前件和后件组成，前件是条件，后件是结论。例如，"如果一个人的年龄超过 30 岁且收入超过 5 万美元，那么他可能会购买一辆豪车"。

Apriori 算法是一种常用的规则学习算法，主要用于发现数据中的关联规则，如购物篮分析。使用 Apriori 算法进行关联规则挖掘的 Python 示例如图 8-7 所示。

```python
from mlxtend.frequent_patterns import apriori, association_rules
import pandas as pd

# 构造示例数据
data = {'milk': [1, 0, 1, 1, 0],
        'bread': [1, 1, 1, 0, 0],
        'butter': [0, 1, 0, 1, 1],
        'cheese': [0, 0, 1, 1, 0]}
df = pd.DataFrame(data)

# 使用Apriori算法寻找频繁项集
frequent_itemsets = apriori(df, min_support=0.4, use_colnames=True)

# 使用关联规则挖掘
rules = association_rules(frequent_itemsets, metric="confidence", min_threshold=0.7)

# 输出结果
print(frequent_itemsets)
print(rules)
```

图 8-7　使用 Apriori 算法进行关联规则挖掘的 Python 示例

输出示例如图 8-8 所示。

```scss
   support        itemsets
0     0.6           [milk]
1     0.6          [bread]
2     0.6         [butter]
3     0.4    [milk, bread]
4     0.4  [bread, butter]
5     0.4   [milk, butter]


   antecedents  consequents  antecedent support  consequent support  support  confidence
0       (milk)      (bread)                 0.6                 0.6      0.4      0.6666
1     (butter)      (bread)                 0.6                 0.6      0.4      0.66
2      (bread)       (milk)                 0.6                 0.6      0.4      0.6666
```

图 8-8　使用 Apriori 算法进行关联规则挖掘的输出示例

在这个示例中，使用 Apriori 算法从购物数据中挖掘频繁项集和关联规则。通过这些规则，可以发现数据中的潜在模式。

8.2.3　逻辑回归

逻辑回归是一种用于分类任务的线性模型。它通过将线性组合输入特征的结果映射到 0 和 1 之间，来估计某一类别的概率。逻辑回归常用于二分类问题，如垃圾邮件过滤、客户流失预测等。

逻辑回归分类的 Python 示例如图 8-9 所示。

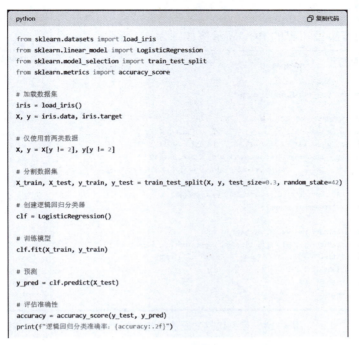

```python
from sklearn.datasets import load_iris
from sklearn.linear_model import LogisticRegression
from sklearn.model_selection import train_test_split
from sklearn.metrics import accuracy_score

# 加载数据集
iris = load_iris()
X, y = iris.data, iris.target

# 仅使用前两类数据
X, y = X[y != 2], y[y != 2]

# 分割数据集
X_train, X_test, y_train, y_test = train_test_split(X, y, test_size=0.3, random_state=42)

# 创建逻辑回归分类器
clf = LogisticRegression()

# 训练模型
clf.fit(X_train, y_train)

# 预测
y_pred = clf.predict(X_test)

# 评估准确性
accuracy = accuracy_score(y_test, y_pred)
print(f"逻辑回归分类准确率: {accuracy:.2f}")
```

图 8-9 逻辑回归分类的 Python 示例

在这个示例中，使用逻辑回归对鸢尾花数据集进行二分类，并评估了模型的准确性。

8.2.4 基于符号的机器学习的优缺点

基于符号的机器学习的优点如下。

(1)可解释性：基于符号的机器学习的模型通常具有良好的可解释性，规则和决策过程可以直接查看和审查。

(2)易于实现：许多基于符号的机器学习的算法，如决策树和逻辑回归，易于理解和实现。

(3)适合处理小规模数据：这些方法通常适用于小规模数据集，能够在数据量较小时表现出色。

其缺点如下。

(1)处理复杂性有限：基于符号的机器学习方法在处理高维和复杂的非线性问题时性能有限。

(2)对数据敏感：决策树等模型容易受到数据噪声和不平衡的影响，可能导致过拟合。

8.3 案例分析

8.3.1 感知器分类

感知器是最简单的神经网络，主要用于处理线性分类问题。它的目标是找到一个超平面将数据分开。

可视化感知器决策边界的 Python 示例如图 8-10 所示。

```python
import numpy as np
import matplotlib.pyplot as plt

# 创建网格来绘制决策边界
x_min, x_max = X[:, 0].min() - 1, X[:, 0].max() + 1
y_min, y_max = X[:, 1].min() - 1, X[:, 1].max() + 1
xx, yy = np.meshgrid(np.arange(x_min, x_max, 0.01),
                     np.arange(y_min, y_max, 0.01))

Z = clf.predict(np.c_[xx.ravel(), yy.ravel()])
Z = Z.reshape(xx.shape)

plt.contourf(xx, yy, Z, alpha=0.8)
plt.scatter(X[:, 0], X[:, 1], c=y, edgecolor='k', marker='o')
plt.title("感知器决策边界")
plt.xlabel("特征 1")
plt.ylabel("特征 2")
plt.show()
```

图 8-10 可视化感知器决策边界的 Python 示例

在这个示例中，展示了感知器在二维特征空间中的决策边界。

8.3.2 非线性分类

当数据线性不可分时，需要更复杂的模型来处理。例如，多层感知器通过引入隐藏层，能够处理非线性分类问题。

使用多层感知器进行非线性分类的 Python 示例如图 8-11 所示。

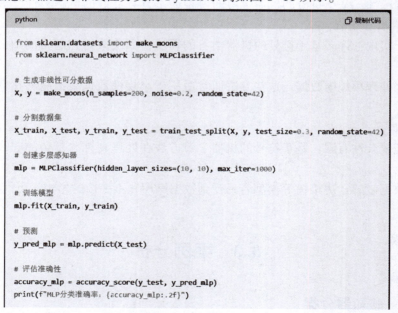

```python
from sklearn.datasets import make_moons
from sklearn.neural_network import MLPClassifier

# 生成非线性可分数据
X, y = make_moons(n_samples=200, noise=0.2, random_state=42)

# 分割数据集
X_train, X_test, y_train, y_test = train_test_split(X, y, test_size=0.3, random_state=42)

# 创建多层感知器
mlp = MLPClassifier(hidden_layer_sizes=(10, 10), max_iter=1000)

# 训练模型
mlp.fit(X_train, y_train)

# 预测
y_pred_mlp = mlp.predict(X_test)

# 评估准确性
accuracy_mlp = accuracy_score(y_test, y_pred_mlp)
print(f"MLP分类准确率: {accuracy_mlp:.2f}")
```

图 8-11 使用多层感知器进行非线性分类的 Python 示例

输出示例如图 8-12 所示。

```
复制代码
MLP分类准确率: 0.98
```

图 8-12　使用多层感知器进行非线性分类的输出示例

通过多层感知器，成功地对非线性可分的"月亮"形数据进行分类。

8.3.3　反向传播神经网络的曲线拟合

神经网络不仅可以用于分类，还可以用于拟合复杂的非线性函数。通过调整神经网络的结构和参数，可以使用神经网络拟合各种曲线。

使用多层感知器拟合正弦曲线的 Python 示例如图 8-13 所示。

```python
import numpy as np
import matplotlib.pyplot as plt
from sklearn.neural_network import MLPRegressor

# 生成数据
X = np.linspace(0, 2 * np.pi, 100).reshape(-1, 1)
y = np.sin(X)

# 创建MLP回归器
mlp_reg = MLPRegressor(hidden_layer_sizes=(100,), max_iter=1000)

# 训练模型
mlp_reg.fit(X, y.ravel())

# 预测
y_pred_reg = mlp_reg.predict(X)

# 绘制结果
plt.plot(X, y, label='真实值')
plt.plot(X, y_pred_reg, label='拟合值')
plt.legend()
plt.title("MLP拟合正弦曲线")
plt.show()
```

图 8-13　使用多层感知器拟合正弦曲线的 Python 示例

在这个示例中，多层感知器被用于拟合正弦曲线，展示了其对非线性函数的拟合能力。

8.4　练习与思考

1. 使用不同的神经网络结构（如增加隐藏层和神经元数量）来解决非线性分类问题，观察性能变化。
2. 通过调整反向传播的学习率和迭代次数，研究其对模型收敛速度和精度的影响。
3. 使用卷积神经网络对手写数字数据集（MNIST）进行分类，并评估其性能。
4. 实现一个简单的循环神经网络来预测时间序列数据。

本章参考文献

［1］MITCHELL T M. Machine Learning［M］. New York：McGraw-Hill，1997.

［2］GOODFELLOW I，BENGIO Y，COURVILLE A. Deep Learning［M］. Cambridge：MIT Press，2016.

［3］王世成，朱军. 神经网络与深度学习［M］. 北京：人民邮电出版社，2019.

第9章 智能规划

本章重点

(1)理解智能规划的基本概念和常见问题。

(2)掌握状态空间规划和偏序规划的工作原理。

(3)了解基于逻辑的规划方法及其在实际系统中的应用。

(4)理解分层任务网络规划的结构和应用。

(5)探索多智能体规划中的挑战与解决方案。

本章难点

(1)状态空间规划中搜索算法的设计与优化。

(2)偏序规划中的部分次序和相对独立任务的处理。

(3)基于逻辑的规划问题的形式化表示及其推理机制。

(4)分层任务网络规划的任务分解与复杂性控制。

(5)多智能体系统中的协作规划和冲突解决机制。

学习目标

(1)理解智能规划的基本概念和问题分类,能够描述和分析各种典型规划问题。

(2)掌握状态空间规划和偏序规划的原理,理解它们的应用场景和局限性。

(3)理解基于逻辑的规划技术,能够将规划问题形式化为逻辑表达式并进行求解。

(4)掌握分层任务网络规划的分解与求解过程,能够设计简单的分层任务网络规划系统。

(5)了解多智能体规划的特点,能够分析多智能体系统中的协作与冲突处理问题。

(6)通过案例分析,能够应用智能规划方法解决实际问题。

智能规划是人工智能的重要分支之一，旨在让计算机根据给定的初始状态和目标状态，自动生成一系列合理的行动步骤，达到目标状态。规划问题广泛存在于机器人控制、自动驾驶、游戏 AI 等领域。根据规划的复杂度和特性，不同的规划方法应运而生。

本章首先介绍规划问题的基本概念和类型，深入讲解状态空间规划、偏序规划、基于逻辑的规划以及分层任务网络（Hierarchical Task Network，HTN）规划。然后将讨论多智能体规划中的关键问题，包括智能体间的协作与冲突处理。最后通过经典案例，如对 Shakey 世界的分析，展示规划技术在实际中的应用，帮助读者掌握智能规划在复杂问题中的求解过程。

9.1 规划问题概述

规划问题是指在给定的初始状态和目标状态下，寻找一系列操作，使得执行这些操作后，智能体能够从初始状态到目标状态。这些操作必须在系统的状态空间中合法地转换当前状态。规划问题的核心在于找到一条有效路径，从初始状态经过若干合法状态转换达到目标状态。

9.1.1 规划问题的基本要素

一个典型的规划问题通常包含以下几个要素。

（1）状态（State）：系统在某一时刻的状态。状态是对环境或系统某个时刻状况的描述。

（2）初始状态（Initial State）：问题的起点，即智能体在执行任何操作之前的状态。

（3）目标状态（Goal State）：期望达成的状态，或满足特定条件的状态集合。

（4）操作（Action）：在某一状态下可执行的行为，会将系统从一个状态转换到另一个状态。

（5）状态转换（Transition）：描述操作如何将系统从一个状态转换到另一个状态。状态转换通常以前置条件和效果的形式表示。

（6）路径代价（Path Cost）：从初始状态到目标状态的路径的累积代价，包括时间、资源消耗等。

9.1.2 规划问题的分类

规划问题可以根据不同的维度进行分类。

1. 状态空间规模

根据状态空间规模，规划可分为完全可观测规划和部分可观测规划。

（1）完全可观测规划：系统的每个状态都可以完全观察到，通常用于搜索空间较小的问题。

（2）部分可观测规划：系统的状态无法完全观察到，需要在不确定性下进行决策。

2. 状态变化

根据状态变化，规划可分为确定性规划和非确定性规划。

（1）确定性规划：操作的结果是确定的，即在相同状态执行相同操作总是得到相同的结果。

（2）非确定性规划：操作的结果可能是随机的或不可预见的。

3. 目标的描述

根据目标的描述，规划可分为单目标规划和多目标规划。

（1）单目标规划：只有一个明确的目标状态。

（2）多目标规划：有多个目标状态，可能存在优先级或冲突。

9.1.3　经典规划问题示例

经典规划问题有以下几例。

（1）迷宫求解：智能体在一个迷宫中寻找从起点到终点的路径，每一步只能朝上下左右四个方向移动。

（2）机器人路径规划：机器人在二维或三维空间中移动，避开障碍物到达指定位置。

（3）货物装载问题：在有限的空间和资源限制下，将货物装载到运输工具上，使得货物被有效地运送。

9.1.4　规划问题的形式化表示

在形式化表示中，规划问题可以表示为一个四元组 (S, A, T, G)。

S：状态集合，表示所有可能的状态。

A：操作集合，表示所有可能的操作。

T：状态转换模型，定义每个操作将系统从一个状态转换到另一个状态的规则。

G：目标状态集合，表示所有符合目标条件的状态。

规划问题的求解通常需要找到一条从初始状态到目标状态的操作序列，使得执行这些操作后，系统能够达到目标状态。

9.1.5　规划算法简介

规划算法是解决规划问题的关键，包括以下几点。

（1）状态空间搜索：如广度优先搜索、深度优先搜索、A* 搜索算法（简称 A* 算法）等，通过遍历状态空间，寻找从初始状态到目标状态的路径。

（2）基于图的规划：如 Dijkstra 算法、A* 算法，利用图搜索技术，在状态空间图中寻找最优路径。

（3）基于逻辑的规划：如前向搜索（Forward Chaining）、后向搜索（Backward Chaining）、规划图（Planning Graph）等，使用逻辑规则推理进行规划。

简单的深度优先搜索算法用于迷宫求解的 Python 示例如图 9-1 所示。

```python
python                                                     复制    编辑

# 定义迷宫地图
maze = [
    [1, 1, 1, 1, 1],
    [1, 0, 0, 0, 1],
    [1, 0, 1, 1, 1],
    [1, 0, 1, 0, 1],
    [1, 0, 0, 0, 1],
    [1, 1, 1, 0, 1]
]

# 定义起点和终点
start = (1, 1)   # S
end = (4, 3)     # E

# 方向: 上, 下, 左, 右
directions = [(-1, 0), (1, 0), (0, -1), (0, 1)]

# 深度优先搜索算法
def dfs(maze, start, end):
    stack = [start]  # 用栈存储路径
    visited = set()  # 用集合存储已访问的点
    parent = {}  # 用字典记录父节点, 便于回溯路径

    while stack:
        x, y = stack.pop()

        # 如果到达终点
        if (x, y) == end:
            path = []
            while (x, y) in parent:
                path.append((x, y))
                x, y = parent[(x, y)]
            path.append(start)
            return path[::-1]  # 返回从起点到终点的路径

        if (x, y) not in visited:
            visited.add((x, y))

            for dx, dy in directions:
                nx, ny = x + dx, y + dy

                # 判断新位置是否在迷宫范围内且为通道
                if 0 <= nx < len(maze) and 0 <= ny < len(maze[0]) and maze[nx][ny] == 0:
                    if (nx, ny) not in visited:
                        stack.append((nx, ny))
                        parent[(nx, ny)] = (x, y)

    return None  # 如果没有路径

# 运行DFS算法
path = dfs(maze, start, end)

# 打印结果
if path:
    print("找到路径:", path)
else:
    print("没有找到路径")
```

图 9-1   深度优先搜索算法用于迷宫求解的 Python 示例

输出示例如图 9-2 所示。

```less
找到路径: [(1, 1), (2, 1), (3, 1), (4, 1), (4, 2), (4, 3)]
```

图 9-2 　A*算法用于迷宫求解的输出示例

在这个示例中，使用 A* 算法在一个简单的迷宫中寻找从起点到终点的最短路径。

9.1.6　智能规划的应用

智能规划在以下领域中有广泛的应用。

（1）机器人导航：为机器人规划路径以避开障碍物，移动到终点。

（2）物流调度：在物流和供应链管理中，优化货物装载方式、运输路径和配送方式。

（3）任务调度：在制造业中，为机器和工人安排任务，以优化生产效率。

通过智能规划，系统可以在复杂环境中有效地进行决策和操作，达到预定目标。规划问题在实际应用中可能涉及多个目标、动态环境和不确定性，需要综合考虑多种因素。

9.2　状态空间规划

状态空间规划是解决规划问题的基本方法之一，它通过在状态空间中搜索一条从初始状态到目标状态的路径来找到解决方案。状态空间规划在很多领域中都有应用，如机器人路径规划、任务调度、游戏 AI 等。状态空间中的每个节点代表一个可能的状态，每条边代表从一个状态到另一个状态的操作。

9.2.1　状态空间的定义

状态空间在人工智能、自动规划和搜索问题中起着至关重要的作用。它通过一个有向图来描述系统状态及其之间的转换，状态空间包含以下元素。

1. 节点（State）

每一个节点代表系统的一个状态，也就是系统在某一时刻所处的特定条件。状态可以是一个物理环境中的位置、一个数值变量的值，或是某种抽象的概念表示。状态通常是通过一组变量的取值来描述的。

2. 边（Action）

边表示在状态空间中的状态转换。每一条边代表从一个状态到另一个状态的转换，它是由执行某个操作（Action）引起的。例如，在一个导航问题中，边可能表示从一个位置到另一个位置的移动。在一个游戏中，边可能表示玩家采取的某个行动。

3. 初始状态（Initial State）

初始状态是系统在规划过程开始时的状态。也就是说，这是智能体或系统在规划问题解决过程中的起点。

4. 目标状态（Goal State）

目标状态是智能体或系统希望到达的终点。在规划问题中，找到从初始状态到目标状态的路径是解决问题的核心目标。

5. 操作集合（Action Set）

操作集合指在某个状态下智能体可以执行的操作的集合。每个操作都会导致状态的改变，推动系统在状态空间中移动。这些操作可以视作从当前状态出发可能采取的行动。例如，在一个棋盘游戏中，操作集合可能是移动棋子的各种合法动作。

6. 状态转换模型（Transition Model）

状态转换模型描述每个操作如何将系统从一个状态转换到另一个状态。该模型定义了在给定操作下，系统状态如何变化。例如，如果智能体选择执行某个动作，状态转换模型会给出执行该动作后系统的新状态。

7. 路径代价（Path Cost）

路径代价是从初始状态到目标状态过程中累积的代价。代价可以是时间、资源消耗，距离等的度量。在某些规划问题中，目标不仅是找到一条路径，还可能是找到代价最低的路径。

9.2.2 状态空间搜索

状态空间规划依赖于状态空间搜索。常见的状态空间搜索包括以下几点。

（1）广度优先搜索：按层级逐步扩展节点，先扩展最浅的未扩展节点。它适用于寻找最短路径。

（2）深度优先搜索：沿着路径不断深入到更深的节点，直到找到目标状态或走到无路可走的节点。它适用于解决可行解问题。

（3）A* 算法：利用启发式估计从当前状态到目标状态的代价，综合路径代价和启发式信息，找到最优路径。

（4）贪心搜索：只考虑启发式估计，选择看起来最接近目标状态的路径，不保证最优性。

9.2.3 A* 算法

A* 算法是一种最常用的状态空间搜索算法，因其结合了启发式搜索和最短路径搜索的优点，通常用于找到从初始状态到目标状态的最优路径。A* 算法在搜索过程中会计算每个状态的总估计代价，即 $f(n) = g(n) + h(n)$。

$g(n)$：从初始状态到当前状态 n 的实际代价。

$h(n)$：从当前状态 n 到目标状态的启发式估计代价。

A* 算法在状态空间中进行搜索，选择具有最低总估计代价的节点进行扩展，直到找到目标状态。

使用 A* 算法进行状态空间规划的 Python 示例如图 9-3 所示。

```python
import heapq

def astar(maze, start, goal):
    rows, cols = len(maze), len(maze[0])
    open_set = []
    heapq.heappush(open_set, (0, start))
    came_from = {}
    g_score = {start: 0}
    f_score = {start: heuristic(start, goal)}

    while open_set:
        _, current = heapq.heappop(open_set)

        if current == goal:
            return reconstruct_path(came_from, current)

        for neighbor in get_neighbors(current, maze):
            tentative_g_score = g_score[current] + 1
            if neighbor not in g_score or tentative_g_score < g_score[neighbor]:
                came_from[neighbor] = current
                g_score[neighbor] = tentative_g_score
                f_score[neighbor] = tentative_g_score + heuristic(neighbor, goal)
                heapq.heappush(open_set, (f_score[neighbor], neighbor))

    return []

def heuristic(a, b):
    return abs(a[0] - b[0]) + abs(a[1] - b[1])

def get_neighbors(position, maze):
    neighbors = []
    for delta in [(-1, 0), (1, 0), (0, -1), (0, 1)]:
        new_pos = (position[0] + delta[0], position[1] + delta[1])
        if 0 <= new_pos[0] < len(maze) and 0 <= new_pos[1] < len(maze[0]) and maze[new_pos
            neighbors.append(new_pos)
    return neighbors

def reconstruct_path(came_from, current):
    path = [current]
    while current in came_from:
        current = came_from[current]
        path.append(current)
    path.reverse()
    return path

# 示例迷宫 (0表示空地, 1表示障碍)
maze = [
    [0, 1, 0, 0, 0],
    [0, 1, 0, 1, 0],
    [0, 0, 0, 1, 0],
    [0, 1, 0, 0, 0],
    [0, 0, 0, 1, 0]
]

start = (0, 0)
goal = (4, 4)
path = astar(maze, start, goal)
print("A*算法找到的路径: ", path)
```

图 9-3　使用 A * 算法进行状态空间规划的 Python 示例

输出示例如图 9-4 所示。

CSS   复制代码

A*算法找到的路径： [(0, 0), (1, 0), (2, 0), (2, 1), (2, 2), (3, 2), (4, 2), (4, 3), (4, 4)]

图 9-4 使用 A* 算法进行状态空间规划的输出示例

在这个示例中，A* 算法利用启发式估计寻找从迷宫起点到终点的最优路径。

9.2.4 状态空间搜索的局限性

虽然状态空间搜索是一种强大的规划方法，但它也有一些局限性。

(1)状态爆炸：当状态空间过大时，搜索过程可能会非常耗时，难以找到解决方案。

(2)启发式估计的依赖：在启发式搜索中，启发式函数的选择对算法性能有重大影响。不准确的启发式估计可能导致次优或非最优解。

(3)不确定性：在现实世界中，操作的结果往往是非确定性的，状态空间规划在处理不确定性时可能表现不足。

9.2.5 状态空间规划的应用

状态空间规划在以下领域中有广泛应用。

(1)机器人导航：通过状态空间搜索，机器人可以在环境中找到从起点到终点的路径，避开障碍物。

(2)游戏 AI：在游戏中，AI 可以利用状态空间搜索来规划角色的动作，从而实现智能决策。

(3)物流和调度：在物流和生产调度中，状态空间规划可以用于优化货物运输路径、任务调度等。

状态空间规划是解决许多实际问题的基础方法，通过对状态空间进行搜索，可以找到系统从初始状态到目标状态的路径。随着状态空间的规模和复杂度增加，优化搜索算法和启发式方法变得尤为重要。

9.3 偏序规划

偏序规划(Partial-Order Planning)是一种高级的规划策略，与完全序列化的状态空间规划不同，它在计划执行顺序上提供了更大的灵活性。偏序规划通过生成一个部分有序的操作集合来实现目标，而不是预先确定每个操作的具体执行顺序。这种方法允许某些操作的顺序在规划过程中保持未定，只在必要时约束顺序，从而能够更有效地处理复杂的规划问题。

9.3.1 偏序规划的基本概念

在偏序规划中，规划问题的核心要素包括以下几点。

(1)操作(Action)：描述在特定状态下可以执行的行为。每个操作都有前置条件和效果。

（2）前置条件（Preconditions）：操作在执行之前必须满足的条件。

（3）效果（Effects）：操作执行后对状态的改变。

（4）部分序列（Partial Order）：操作集合中的部分有序关系。偏序规划允许部分操作之间没有固定的执行顺序，只在必要时对其顺序进行约束。

（5）因果链（Causal Link）：描述一个操作的效果支持另一个操作的前置条件的关系，用于保持规划的连贯性。

9.3.2　偏序规划的过程

偏序规划的过程通常包括以下步骤。

（1）初始化：开始于初始状态和目标状态，将目标状态分解为子目标，生成初始规划图。

（2）选择未满足的前置条件：在部分计划中选择一个未满足的前置条件。

（3）满足前置条件的方法有以下两种：

①通过添加一个新的操作满足前置条件。

②通过调整已有操作的顺序，使其效果满足前置条件。

（4）处理威胁：如果新添加的操作可能破坏因果链，则需要调整操作的顺序以避免冲突。常用的处理威胁的方法包括提前和延迟。

①提前：将威胁操作放在因果链之前。

②延迟：将威胁操作放在因果链之后。

（5）完成规划：重复以上步骤，直到所有前置条件都得到满足，且没有冲突，生成最终的部分有序计划。

9.3.3　偏序规划示例

考虑一个简单的机器人规划问题：机器人需要将一个物体从位置 A 移动到位置 B，然后移动到位置 C。在偏序规划中，这个问题可以表示为一组操作和目标状态。

具体操作分析如下。

（1）$\mathrm{PickUp}(x)$：从当前位置拾取物体 x。

①前置条件：机器人和物体 x 在同一位置。

②效果：机器人持有物体 x。

（2）$\mathrm{MoveTo}(y)$：机器人移动到位置 y。

①前置条件：无。

②效果：机器人在位置 y。

（3）$\mathrm{PutDown}(x)$：将物体 x 放置在当前位置。

①前置条件：机器人持有物体 x。

②效果：物体 x 在当前位置。

目标状态：物体 x 在位置 B，机器人在位置 C。

偏序规划过程示例如下。

（1）初始计划：从初始状态到目标状态，需要执行以下操作。

①$\mathrm{MoveTo}(A)$：移动到位置 A。

②PickUp(x)：拾取物体x。

③MoveTo(B)：移动到位置B。

④PutDown(x)：放下物体x。

⑤MoveTo(C)：移动到位置C。

（2）偏序规划：部分序列化操作如下。

①MoveTo(A)→PickUp(x)。

②PickUp(x)→MoveTo(B)。

③MoveTo(B)→PutDown(x)。

由于 MoveTo(C) 不依赖于 PutDown(x) 的效果，因此可以并行或延迟到其他操作之后执行。

（3）处理威胁：如果 MoveTo(B) 在 PickUp(x) 之前执行，则会导致拾取操作失败，因此需要确保 MoveTo(B) 在 PickUp(x) 之后。

（4）最终的部分有序计划如下。

①MoveTo(A)。

②PickUp(x)。

③MoveTo(B)。

④PutDown(x)。

⑤MoveTo(C)。

这个计划中有些操作的顺序是固定的（如 PickUp(x) 必须在 PutDown(x) 之前），而其他操作（如 MoveTo(C)）的顺序可以灵活安排。

9.3.4　偏序规划的优点

偏序规划的优点有以下几点。

（1）灵活性：偏序规划允许某些操作的执行顺序在规划过程中保持未定，只在必要时约束顺序。这种灵活性使得规划可以适应动态和不确定的环境。

（2）有效性：在许多情况下，偏序规划可以避免对不必要的操作顺序进行预先约束，从而减小搜索空间，提高规划效率。

（3）并行性：由于偏序规划不强制要求操作的严格顺序，因此更容易发现可以并行执行的操作，提高执行效率。

9.3.5　偏序规划的应用

偏序规划在以下领域中有广泛应用。

（1）机器人操作：在复杂的操作任务中，偏序规划可以帮助机器人找到有效的动作序列，如物体搬运、装配等。

（2）任务调度：在任务调度和资源分配问题中，偏序规划可以用于确定任务执行的部分序列，以优化资源利用率。

（3）游戏 AI：在策略游戏中，AI 可以利用偏序规划来制订灵活的行动计划，以适应不断变化的游戏环境。

9.4　基于逻辑的规划

基于逻辑的规划(Logic-Based Planning)简称逻辑规划，是人工智能规划的一种方法，它利用逻辑表达式和推理机制来描述规划问题和寻找解决方案。这种方法通常使用一阶逻辑或命题逻辑来表示问题状态、操作和目标，通过逻辑推理找到从初始状态到目标状态的操作序列。基于逻辑的规划在知识表示、自动推理和决策制定中有广泛应用。

9.4.1　基于逻辑的规划的核心概念

基于逻辑的规划主要依赖以下核心概念。

(1)状态描述：使用逻辑表达式描述系统的状态。每个状态是由一组原子命题或谓词组成的，它们表示在该状态下哪些事实为真。

(2)操作(Action)：用逻辑形式定义可以改变状态的动作。每个操作包括前置条件和效果。

①前置条件(Preconditions)：操作执行前必须满足的条件，通常用逻辑表达式表示。

②效果(Effects)：操作执行后的结果，描述状态的变化。

(3)目标状态(Goal State)：使用逻辑表达式表示规划的目标，即系统最终需要达到的状态。

(4)逻辑推理：利用逻辑推理规则，从初始状态出发，应用一系列操作，推导出目标状态。

9.4.2　经典的基于逻辑的规划方法

经典的基于逻辑的规划方法包括以下几点。

(1)前向搜索(Forward Chaining)：从初始状态开始，逐步应用满足前置条件的操作，生成新的状态，直到达到目标状态。前向搜索在状态空间较小时比较有效。

(2)后向搜索(Backward Chaining)：从目标状态开始，逐步寻找可以满足当前目标的操作，并追溯到初始状态。这种方法通常用于问题分解。

(3)规划图(Planning Graph)：构建一个包含状态层和操作层的图结构，通过同时考虑前向搜索和后向搜索的约束来找到规划解。

(4)SAT 规划(Satisfiability Planning)：将规划问题转换为一个可满足性问题，通过求解逻辑公式的满足性来找到规划解。

9.4.3　规划域定义语言

规划域定义语言(Planning Domain Definition Language，PDDL)是一种标准化的语言，用于描述逻辑规划问题。PDDL 使用谓词逻辑来定义问题的状态、操作和目标。以下是 PDDL 的一般结构。

（1）定义域：描述操作的集合，包括操作的名称、前置条件和效果。

（2）问题实例：定义初始状态和目标状态。

块世界问题是逻辑规划中的经典问题，目标是将一组堆叠的方块按照特定顺序重新排列。使用 PDDL 表示的块世界问题示例如图 9-5 所示。

```pddl
(define (domain blocksworld)
  (:requirements :strips :typing)
  (:types block)
  (:predicates
    (on ?x ?y - block)
    (ontable ?x - block)
    (clear ?x - block)
    (handempty)
    (holding ?x - block)
  )
  (:action pick-up
    :parameters (?x - block)
    :precondition (and (ontable ?x) (clear ?x) (handempty))
    :effect (and (not (ontable ?x)) (not (clear ?x)) (not (handempty)) (holding ?x))
  )
  (:action put-down
    :parameters (?x - block)
    :precondition (holding ?x)
    :effect (and (ontable ?x) (clear ?x) (handempty) (not (holding ?x)))
  )
  (:action stack
    :parameters (?x ?y - block)
    :precondition (and (holding ?x) (clear ?y))
    :effect (and (on ?x ?y) (clear ?x) (handempty) (not (holding ?x)) (not (clear ?y)))
  )
  (:action unstack
    :parameters (?x ?y - block)
    :precondition (and (on ?x ?y) (clear ?x) (handempty))
    :effect (and (holding ?x) (clear ?y) (not (on ?x ?y)) (not (clear ?x)) (not (handempty)))
  )
)
```

图 9-5　使用 PDDL 表示的块世界问题示例

在这个示例中，描述了一个简单的块世界问题，包括 pick-up、put-down、stack 和 unstack 4 个动作，以及初始状态和目标状态。

9.4.4　基于逻辑的规划示例

使用 PDDL 描述的规划问题可以通过逻辑规划求解器解决。使用 PDDL 进行逻辑规划的 Python 示例如图 9-6 所示。

```python
from pyddl import Domain, Problem, Action, Predicate, neg, planner

# 定义谓词
on = Predicate('on', arity=2)
ontable = Predicate('ontable', arity=1)
clear = Predicate('clear', arity=1)
handempty = Predicate('handempty', arity=0)
holding = Predicate('holding', arity=1)
```

图 9-6　使用 PDDL 进行逻辑规划的 Python 示例

```
# 定义操作
pick_up = Action(
    'pick-up',
    parameters=([('block', '?x')]),
    preconditions=[ontable('?x'), clear('?x'), handempty()],
    effects=[holding('?x'), neg(ontable('?x')), neg(clear('?x')), neg(handempty())]
)

put_down = Action(
    'put-down',
    parameters=([('block', '?x')]),
    preconditions=[holding('?x')],
    effects=[ontable('?x'), clear('?x'), handempty(), neg(holding('?x'))]
)
stack = Action(
    'stack',
    parameters=([('block', '?x'), ('block', '?y')]),
    preconditions=[holding('?x'), clear('?y')],
    effects=[on('?x', '?y'), clear('?x'), handempty(), neg(holding('?x')), neg(clear('?y')
)

unstack = Action(
    'unstack',
    parameters=([('block', '?x'), ('block', '?y')]),
    preconditions=[on('?x', '?y'), clear('?x'), handempty()],
    effects=[holding('?x'), clear('?y'), neg(on('?x', '?y')), neg(clear('?x')), neg(handemp
)

# 定义域和问题
domain = Domain([pick_up, put_down, stack, unstack])
problem = Problem(
    domain,
    {
        ontable('A'),
        ontable('B'),
        ontable('C'),
        clear('A'),
        clear('B'),
        clear('C'),
        handempty()
    },
    [on('A', 'B'), on('B', 'C')]
)
```

图 9-6　使用 PDDL 进行逻辑规划的 Python 示例(续)

输出示例如图 9-7 所示。

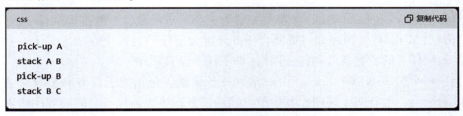

图 9-7　使用 PDDL 进行逻辑规划的输出示例

在这个示例中，使用一个 Python 库来模拟 PDDL 的规划过程，找到将方块 A 堆放在 B 上，然后将 B 堆放在 C 上的操作序列。

9.4.5 基于逻辑的规划的优点

基于逻辑的规划的优点有以下几点。

(1)可解释性：逻辑表达式和推理过程具有良好的可解释性，有助于理解和验证规划过程。

(2)灵活性：基于逻辑的规划可以灵活地描述复杂的目标和约束。

(3)通用性：可以应用于多种规划问题，包括任务调度、机器人操作和资源分配等。

9.4.6 基于逻辑的规划的缺点

基于逻辑的规划的缺点有以下几点。

(1)计算复杂度：逻辑推理的计算复杂度较高，特别是在大规模状态空间中，可能导致搜索过程缓慢。

(2)不确定性处理：标准的逻辑规划通常假设确定性和完全可观测性，难以处理不确定性和部分可观测环境。

(3)表达能力：尽管逻辑规划语言如 PDDL 非常强大，但在描述某些动态或连续的状态时可能受限。

9.5 分层任务网络规划

分层任务网络(Hierarchical Task Network，HTN)规划是一种高级的规划方法，旨在通过将复杂的任务分解为更简单的子任务来完成规划。分层任务网络规划利用任务的层次结构，通过定义高层任务和低层操作之间的关系，使规划过程更加直观和结构化。它广泛应用于机器人操作、任务调度、游戏 AI 等领域。

9.5.1 分层任务网络规划的基本概念

分层任务网络规划基于以下几个核心概念。

(1)任务(Task)：包括原子任务和复合任务。

①原子任务(Primitive Task)：可以直接执行的操作，类似于传统规划中的操作。它通常包括前置条件和效果。

②复合任务(Compound Task)：需要分解为更小的子任务，不能直接执行。

(2)方法(Method)：描述如何将复合任务分解为子任务。每个方法定义了一种任务分解方式，包括任务的前置条件和任务网络(即子任务及其顺序)。

(3)任务网络(Task Network)：由一系列任务组成，包括原子任务和复合任务。任务网络可以表示为一个有向无环图，其中节点表示任务，边表示任务之间的顺序约束。

(4)层次结构：分层任务网络规划通过分层次地分解任务，构建从高层抽象任务到低层具体操作的层次结构。

9.5.2　分层任务网络规划的过程

分层任务网络规划的过程可以概括为以下几个步骤。

（1）任务分解：从初始任务开始，选择一个复合任务，根据方法将其分解为子任务。这个过程递归进行，直到所有任务都分解为原子任务。

（2）任务排序：确定任务的执行顺序，包括对子任务的顺序约束进行处理。

（3）规划生成：通过分解和排序，生成一个原子任务的有序序列，即规划解决方案。

（4）执行与监控：按照生成的规划执行操作，并监控其执行效果。

9.5.3　分层任务网络规划示例

假设一个机器人需要完成整理一个房间的任务，该任务可以分解为多个子任务，例如，收拾桌子、整理书架、扫地等。每个子任务可以进一步分解，直到它们变成可以直接执行的原子任务。

以下是分层任务网络规划的任务分解示例。

（1）复合任务：整理房间。

方法：将复合任务分解为"收拾桌子"和"整理书架"。

子任务：收拾桌子。

方法：将子任务分解为"清理桌面"和"擦拭桌子"。

（2）所分解的原子任务如下。

①清理桌面：将桌面上的物品放回原处。

②擦拭桌子：用抹布擦拭桌面。

③整理书架：将书架上的书分类放置。

使用分层任务网络规划将复合任务分解为原子任务的 Python 示例如图 9-8 所示。

```python
class HTNPlanner:
    def __init__(self):
        self.methods = {}

    def add_method(self, task, method):
        if task not in self.methods:
            self.methods[task] = []
        self.methods[task].append(method)
    def plan(self, task):
        if task in self.methods:
            for method in self.methods[task]:
                subtasks = method()
                if subtasks:
                    plan = []
                    for subtask in subtasks:
                        subplan = self.plan(subtask)
                        if subplan is not None:
```

图 9-8　使用分层任务网络规划将复合任务分解为原子任务的 Python 示例

```
                    plan.extend(subplan)
                else:
                    break
            else:
                return plan
        else:
            return [task]
    return None
# 任务分解方法
def method_clean_room():
    return ['clean_table', 'arrange_bookshelf']

def method_clean_table():
    return ['clear_table', 'wipe_table']

# 创建HTN规划器
planner = HTNPlanner()

# 添加任务和方法
planner.add_method('clean_room', method_clean_room)
planner.add_method('clean_table', method_clean_table)

# 执行规划
plan = planner.plan('clean_room')
print("规划结果: ", plan)
```

图 9-8　使用分层任务网络规划将复合任务分解为原子任务的 **Python** 示例(续)

输出示例如图 9-9 所示。

```css
规划结果: ['clear_table', 'wipe_table', 'arrange_bookshelf']
```

图 9-9　使用分层任务网络规划将复合任务分解为原子任务的输出示例

在这个示例中，分层任务网络规划器将"整理房间"任务分解为"清理桌面""擦拭桌子""整理书架"三个原子任务。

9.5.4　分层任务网络规划的优点

分层任务网络规划的优点有以下几点。

（1）可扩展性：分层任务网络规划通过分层次地分解任务，可以自然地处理复杂的规划问题。随着问题规模的扩大，分层任务网络规划可以通过增加方法和任务来扩展。

（2）易于理解：由于分层任务网络规划使用任务分解的方式，因此更容易理解和解释其规划过程和结果。每个任务和方法都对应着实际操作的高层描述。

（3）灵活性：分层任务网络规划可以根据不同的方法选择不同的任务分解策略，提供了灵活的规划方式。

9.5.5　分层任务网络规划的缺点

分层任务网络规划的缺点有以下几点。

（1）方法设计复杂：定义合适的任务分解方法需要深入了解问题域，并且设计复杂的分解策略可能会耗费大量时间。

（2）任务之间的依赖性：在复杂的任务网络中，子任务之间可能存在依赖关系，需要仔细处理顺序和前置条件。

（3）执行监控：在实际执行过程中，需要监控和调整规划，以应对动态环境和不确定性。

9.5.6　分层任务网络规划的应用

分层任务网络规划的应用有以下几点。

（1）机器人操作：分层任务网络规划广泛应用于机器人操作，帮助机器人分解复杂任务，如家庭清洁、装配任务等。

（2）游戏 AI：在游戏 AI 中，分层任务网络规划可以用于设计角色行为，如任务执行、策略制定等。

（3）任务调度：在多任务调度中，分层任务网络规划可以用于分解和安排任务，提高执行效率。

9.6　多智能体规划

多智能体规划（Multi-Agent Planning，MAP）涉及多个智能体之间的协调和合作，以实现全局目标。每个智能体都有自己的目标、能力和知识，多智能体规划的核心是设计策略，使得这些智能体能够在共享的环境中协同工作。它在机器人团队协作、自动驾驶、物流调度和分布式系统等领域具有重要应用。

9.6.1　多智能体规划面临的挑战

多智能体规划面临一些特有的挑战。

（1）协作与协调：智能体需要相互协作，以确保任务的成功完成。协调涉及分配任务、共享信息、避免冲突等。

（2）通信与信息共享：智能体需要通过通信共享彼此的状态和意图，但通信资源可能有限，因此需要有效的信息共享机制。

（3）任务分配：在多智能体系统中，需要将任务合理分配给各个智能体，以优化整体性能。任务分配可以是集中式的，也可以是分布式的。

（4）冲突解决：当多个智能体在相同的环境中工作时，可能会发生冲突（如资源竞争、路径交叉等），需要设计策略来解决这些冲突。

（5）动态与不确定性：环境的动态变化和不确定性会影响智能体的规划和执行，需要其具备实时调整的能力。

9.6.2　多智能体规划的方法

多智能体规划的方法可以根据智能体之间的通信和协调程度分为以下几类。

（1）集中式规划：由一个中央控制器来协调所有智能体的行动。它能得到全局最优解，但对大规模系统而言，计算复杂度高，通信成本大。

（2）分布式规划：智能体之间通过通信和协商，自主设计各自的计划。每个智能体独立规划，并与其他智能体协调，以实现全局目标。分布式规划更适用于大规模、多智能体系统。

（3）层次化规划：结合集中式规划和分布式规划，通常在高层由中央控制器进行协调，在低层由智能体自主规划。

9.6.3　任务分配

任务分配是多智能体规划的关键问题之一。它涉及将任务合理地分配给各个智能体，以最优地利用资源。常用的任务分配方法包括以下3种。

（1）拍卖机制：智能体通过竞价的方式争夺任务，任务被分配给出价最高的智能体。拍卖机制在分布式系统中非常有效。

（2）合同网协议：一种基于协商的任务分配方法，智能体作为发包方和承包方，通过发布任务和提交投标来完成任务分配。

（3）联盟形成：智能体可以组成联盟，共同完成任务。联盟形成的目的是通过合作提高整体收益。

9.6.4　多智能体路径规划

在多智能体系统中，路径规划是一个常见问题，尤其是在机器人导航领域。其目标是为每个智能体找到一条从起点到终点的路径，同时避免与其他智能体发生冲突。

9.6.5　多智能体规划的应用

多智能体规划的应用有以下几点。

（1）机器人团队合作：多机器人系统需要协作完成复杂任务，如在仓库中搬运物品、无人机编队飞行等。

（2）自动驾驶：多个自动驾驶车辆在道路上行驶，需要协调以避免碰撞和优化交通流。

（3）物流和供应链：在物流和供应链管理中，多个智能体（如运输车辆、仓库机器人）需要协作完成物品的运输和配送。

（4）灾难救援：在灾难救援场景中，多智能体系统可以协同工作，快速搜索和救援受困人员。

9.6.6　多智能体规划的优点

多智能体规划的优点有以下几点。

（1）分布式解决方案：多智能体规划通过分布式任务分配和执行，提高了系统的可扩展性和鲁棒性。

（2）并行处理：多个智能体可以并行执行任务，提高了任务完成的效率。

（3）灵活性和适应性：多智能体系统具有更强的灵活性，可以根据环境的变化进行动态调整。

9.6.7　多智能体规划的缺点

多智能体规划的缺点有以下几点。

(1)复杂性：协调多个智能体的行动增加了系统的复杂性，尤其是在大型系统中。

(2)通信开销：智能体之间的通信需要占用带宽，信息共享的开销可能较大。

(3)冲突解决：多个智能体在共享环境中工作时，容易发生冲突，需要有效的策略来解决。

9.7　案例分析

在本节中，将通过具体案例分析智能规划的应用。这些案例包括 Shakey 世界中的规划任务，以及如何将实际问题建模为规划问题并求解。

9.7.1　Shakey 世界

Shakey 是斯坦福研究所(SRI)在 20 世纪 60 年代末和 70 年代初开发的一个早期机器人。它是第一个能够自主感知环境、规划路径并执行任务的机器人。Shakey 世界是一个受限的实验室环境，包含房间、门、盒子和其他物体。Shakey 可以移动、推动物体、打开门等。

1. Shakey 世界中的规划任务

在 Shakey 世界中，规划任务包括以下几点。

(1)导航：Shakey 需要在不同房间之间导航，找到一条从起点到终点的路径。

(2)物体操作：Shakey 可以推动物体，将其从一个位置移动到另一个位置。

(3)开关门：Shakey 可以打开或关闭门，以进入不同的房间。

(4)组合任务：例如，将一个盒子从房间 A 搬到房间 B，并放置在指定位置。

2. Shakey 世界中的规划示例

假设在 Shakey 世界中设置一个任务：Shakey 需要将一个盒子从房间 A 移动到房间 B，并放在桌子上。任务的规划过程包括以下步骤。

(1)状态表示。

①初始状态：盒子在房间 A，Shakey 在房间 A，门关闭。

②目标状态：盒子在房间 B 的桌子上，Shakey 在房间 B。

(2)操作定义。

①Move(A，B)：从房间 A 移动到房间 B，前置条件是两房间之间的门是开着的。

②OpenDoor(A，B)：打开房间 A 和房间 B 之间的门。

③Push(Box，A，B)：将盒子从房间 A 推到房间 B，前提是 Shakey 在房间 A 并且门是开着的。

④PlaceOnTable(Box，room)：在指定房间中将盒子放在桌子上。

(3)规划求解。

Step 1：OpenDoor(A，B)——打开房间 A 和房间 B 之间的门。

Step 2：Push(Box，A，B)——将盒子从房间 A 推到房间 B。

Step 3：Move(A，B)——Shakey 从房间 A 移动到房间 B。

Step 4：PlaceOnTable(Box，B)——将盒子放在房间 B 的桌子上。

通过以上步骤，Shakey 成功地将盒子从房间 A 移动到房间 B 并放在桌子上。

9.7.2 规划问题的建模与规划系统的求解过程

在解决规划问题时，首先需要对问题进行建模，然后使用规划系统进行求解。建模过程包括定义状态、操作和目标；求解过程涉及选择合适的规划算法，生成、执行计划。

1. 规划问题的建模

规划问题的建模包括以下几点。

(1)定义状态：状态可以用一组逻辑表达式或谓词来表示，描述在某一时刻哪些事实为真。例如，在 Shakey 世界中，状态可以包括 At(Shakey，A)、BoxAt(Box，A)等。

(2)定义操作：操作包括前置条件和效果。前置条件是执行操作前必须满足的条件，效果是执行操作后状态的变化。

以 Move(A，B)为例进行分析如下。

①前置条件：At(Shakey，A) $\wedge$ OpenDoor(A，B)。

②效果：$\neg$ At(Shakey，A) $\wedge$ At(Shakey，B)。

(3)定义目标：目标是需要达到的状态，可以是一个或多个逻辑表达式。例如，At(Shakey，B) $\wedge$ BoxAt(Box，B)。

2. 规划系统的求解过程

规划系统的求解过程如下。

(1)输入：将初始状态、操作集合和目标状态作为输入。

(2)搜索空间：规划系统构建搜索空间，通过应用操作生成状态转换的图或树。

(3)规划算法：选择适当的规划算法(如 A* 算法、分层任务网络规划、PDDL 求解器)，在搜索空间中寻找从初始状态到目标状态的路径。

(4)生成计划：输出一系列操作，构成一个可执行的计划，从初始状态逐步达到目标状态。

(5)执行计划：按照生成的计划依次执行操作，并监控执行过程。

9.8 练习与思考

1. 给定一个任务清单，包含"煮饭""洗菜""切菜""炒菜""上菜"任务。

任务之间存在依赖关系：洗菜和切菜必须在炒菜之前完成，煮饭和炒菜可以并行。使用偏序规划的方法，为这个任务清单制订一个可行的计划。

2. 基于逻辑的规划：使用 PDDL 描述一个机器人在仓库中移动货物的规划问题。

初始状态：机器人在位置 A，货物在位置 B，位置 C 为空。

目标状态：机器人在位置 C，货物在位置 C。

机器人可以执行以下操作：

(1)Move(x，y)，从位置 x 移动到位置 y；

（2）PickUp(x），在当前位置拾取货物；

（3）PutDown(x），在当前位置放下货物。

编写 PDDL 描述并使用求解器找到一个可行的操作序列。

3. 在一个 5×5 的二维网格中，有两个机器人 R1 和 R2，它们需要从各自的起点移动到各自的终点。

R1：起点（0，0），终点（4，4）。

R2：起点（4，0），终点（0，4）。

使用多智能体路径规划，设计一种策略，确保两个机器人在不发生碰撞的情况下各自到达终点。

4. 在家庭清洁任务中，有一个复合任务——打扫房间。

子任务包括清理桌子、整理床铺、扫地。

每个子任务都可以进一步分解为原子任务，如清理桌子包括移走杂物、擦拭桌子。

使用分层任务网络规划描述这个任务，并设计分解方法。

本章参考文献

［1］王运丽，王珏. 人工智能及其应用［M］. 2 版. 北京：清华大学出版社，2019.

［2］GHALLAB M，NAU D，TRAVERSO P. Automated Planning：Theory and Practice［M］. San Francisco：Morgan Kaufmann，2004.

［3］赵丽，杨雪. 人工智能规划技术及其应用［M］. 北京：科学出版社，2018.

第 10 章　机器人学

本章重点

(1)理解机器人学的基本概念及其发展历程。

(2)掌握机器人系统的结构与控制方法。

(3)了解常见的机器人编程语言及其特点。

(4)探讨机器人在工业、服务、医疗等领域的应用及未来发展趋势。

本章难点

(1)机器人系统中运动控制与路径规划算法的实现。

(2)机器人多传感器融合及感知系统的设计。

(3)机器人编程语言中的硬件接口与控制逻辑的实现。

(4)机器人自主性与智能化的发展方向及其技术挑战。

学习目标

(1)理解机器人学的基本概念和机器人系统的构成,掌握机器人控制的基本原理。

(2)了解机器人编程的基本语言与技术,并能运用这些编程技术控制机器人的动作。

(3)理解机器人系统中的感知、决策和控制模块的协作原理。

(4)分析机器人在不同行业中的实际应用,探讨机器人的未来发展趋势。

(5)通过案例分析,如机器人足球,掌握机器人系统的实际构建与控制过程。

机器人学是一个跨学科领域，涵盖了机械工程、计算机科学、电子工程、人工智能等多个学科的知识。机器人学的核心任务是设计和开发能够感知环境、做出决策并执行操作的自主系统。随着传感器技术、计算能力和智能算法的发展，机器人已经从传统的工业制造领域扩展到了服务业、医疗、农业等多个领域。

本章首先概述机器人学的基础知识和发展历史，再重点介绍机器人系统的结构与控制方法，包括运动控制、路径规划、传感器融合等核心技术。然后介绍机器人编程与常用编程语言，讨论机器人软件开发中的挑战和实践经验。最后通过对机器人足球案例的分析，展示机器人系统在复杂环境中的应用，并探讨机器人的未来发展趋势。

10.1　机器人学简介

机器人学关注的核心是使机器人能够自主或在有限人类干预的情况下执行各种任务。随着传感器、计算能力和人工智能技术的发展，机器人正变得越来越智能和自主化。

10.1.1　机器人的定义

机器人是一个能够感知环境、做出决策并执行操作的机器。它通常具有以下几个基本特征。

（1）感知（Perception）：通过传感器（如摄像头、激光雷达、压力传感器等）获取环境的信息。

（2）决策与控制（Decision and Control）：基于感知数据，使用算法或人工智能技术来决定行动计划，并通过控制系统执行任务。

（3）执行操作（Actuation）：通过执行器（如电机、液压装置）来完成物理操作，如移动、抓取、加工等。

10.1.2　机器人的分类

根据不同的分类标准，机器人可进行以下分类。

1. 根据功能分类

根据功能可将机器人分为以下 5 类。

（1）工业机器人：用于制造业，执行装配、焊接、喷涂等任务。例如，机械臂在汽车装配线上进行焊接操作。

（2）服务机器人：用于日常生活和商业服务，如家庭清洁机器人、迎宾机器人等。

（3）医疗机器人：用于手术辅助、康复、护理等医疗领域，如手术机器人、康复机器人等。

（4）移动机器人：可以在环境中自主移动，如无人机、自动驾驶汽车、仓库物流机器人等。

（5）空间和水下机器人：用于探索和操作空间或水下环境，如火星探测器、深海探测器等。

2. 根据结构分类

根据结构可将机器人分为以下 3 类。

（1）固定机器人：安装在固定位置，如工业机械臂。

（2）移动机器人：可以在环境中移动，包括轮式、履带式和步行机器人。

（3）人形机器人：模仿人类形态，具有手臂、腿部等，能够执行复杂的任务。

10.1.3　机器人的组成部分

机器人通常由以下几个主要部分组成。

（1）机械结构（Mechanical Structure）：包括机器人本体、机械臂、关节、末端执行器等。机械结构决定了机器人的运动能力和操作范围。

（2）传感器（Sensors）：用于感知外部环境和机器人自身的状态。例如，摄像头用于视觉感知，激光雷达用于测距，陀螺仪用于检测姿态。

（3）执行器（Actuators）：用于执行机器人动作的组件，如电机、液压装置、伺服驱动器等。

（4）控制系统（Control System）：负责处理传感器输入、执行控制算法、发送命令给执行器。控制系统可以是集中式或分布式的。

（5）电源系统（Power Supply）：为机器人提供能量来源，可能是电池等。

（6）通信系统（Communication System）：用于机器人内部组件之间或与外部系统的信息传递。

10.1.4　机器人的感知与环境交互

机器人要在动态环境中自主行动，需要强大的感知和环境交互能力，具体有以下几个步骤。

（1）感知：通过传感器获取环境数据，如摄像头获取图像信息，激光雷达获取环境的三维信息，麦克风获取声音等。机器视觉、深度学习等技术在感知领域有广泛应用。

（2）环境建模：将传感器数据转换为机器可以理解的环境模型，如构建地图、识别物体、检测障碍物等。

（3）路径规划：基于环境模型，机器人需要规划从起点到终点的路径，同时避开障碍物。

（4）任务执行：根据规划的路径和任务要求，控制执行器完成动作，如抓取物体、移动到指定位置等。

10.1.5　机器人的控制方法

机器人的控制方法可以分为以下几类。

（1）开环控制（Open-loop Control）：不依赖反馈，仅根据预定的指令执行操作。例如，机械臂按照固定路径执行焊接操作。

（2）闭环控制（Closed-loop Control）：利用传感器反馈进行实时调整，提高精度和稳定性。例如，自动驾驶汽车根据摄像头和雷达数据调整方向和速度。

（3）运动控制（Motion Control）：控制机器人的运动，包括位置、速度、加速度等参数的控制。常见的运动控制方法有 PID（比例积分微分）控制、滑模控制等。

（4）路径跟踪（Path Tracking）：让机器人沿着预定的路径移动，同时调整自身姿态。

（5）智能控制（Intelligent Control）：基于人工智能和机器学习技术，使机器人具有自适应和学习能力。例如，使用强化学习让机器人在动态环境中自主导航。

10.1.6　机器人学的发展与挑战

机器人学近年来取得了显著进展，主要得益于人工智能、传感器技术、材料科学和控制理论的发展。然而，机器人学仍然面临许多挑战。

（1）感知与理解：尽管机器视觉和深度学习技术发展迅速，但机器人在复杂、多变环境中的感知和理解能力仍有限。例如，实时处理大量的视觉数据并做出准确判断仍是一个难点。

（2）自主性与智能化：提高机器人在复杂环境中的自主性，使其能够自主学习和决策，仍需要突破许多技术难关。例如，在动态环境中的实时路径规划和避障。

（3）人机交互：如何使机器人更好地与人类交互，并在共享空间中安全、有效地工作，仍是一个重要的研究方向。

（4）伦理与安全：随着机器人在社会中扮演着越来越重要的角色，涉及伦理、安全、隐私等方面的问题也日益突出。例如，自动驾驶汽车的伦理决策问题，医疗机器人在手术中的安全性保障等。

10.2　机器人系统与控制

机器人系统与控制是机器人学的核心部分，涉及机器人硬件结构、感知与控制方法，以及执行任务的过程。一个完整的机器人系统需要协调传感器、执行器和控制系统之间的工作，以实现感知环境、规划路径、执行动作等功能。

10.2.1　机器人系统的组成

机器人系统通常由以下几个主要组成部分构成。

（1）机械结构（Mechanical Structure）。

①本体结构：包括机器人主体、机械臂、关节、车轮或履带等。机械结构决定了机器人的运动方式和操作能力。

②末端执行器（End Effector）：安装在机器人手臂末端，用于与环境进行物理交互，如抓手、焊接器、吸盘等。

③驱动系统：提供动力的部分，包括电机、液压泵等，驱动机器人运动。

（2）传感器系统（Sensor System）。

①内部传感器：用于检测机器人自身状态，如编码器（测量关节角度）、陀螺仪（测量姿态）、加速度计（测量加速度）等。

②外部传感器：用于感知外部环境，如摄像头（视觉感知）、激光雷达（测距和建图）、超声波传感器（避障）、触觉传感器等。

（3）控制系统（Control System）。

①低级控制：直接控制执行器的运动，包括位置控制、速度控制、力控制等。常用的控制策略有 PID 控制、滑模控制等。

②高级控制：实现机器人在更高层次的行为，如路径规划、导航、任务执行等。利用

感知数据和智能算法来做出决策。

（4）电源系统（Power Supply）。为机器人提供电能，可能是电池、外部电源等，决定了机器人的续航能力。

（5）通信系统（Communication System）。用于传输信息和指令，包括内部通信（传感器和控制系统之间）和外部通信（机器人与外部设备之间）。

10.2.2　机器人运动学与动力学

在控制机器人执行任务时，需要了解机器人运动的基本原理。运动学和动力学是描述和分析机器人运动的两个主要领域。

1. 运动学（Kinematics）

运动学分为以下 3 点。

（1）正向运动学（Forward Kinematics）：给定机器人各个关节的位置或角度，计算末端执行器的位置和姿态。

（2）逆向运动学（Inverse Kinematics）：给定末端执行器的期望位置和姿态，计算各个关节需要达到的角度。

（3）差动运动学（Differential Kinematics）：描述机器人末端速度与关节速度之间的关系。

运动学主要关注几何关系，而不涉及力或能量。

2. 动力学（Dynamics）

动力学分为以下两点。

（1）正向动力学（Forward Dynamics）：给定关节力矩，计算机器人各个关节的加速度和末端执行器的运动。

（2）逆向动力学（Inverse Dynamics）：给定末端执行器的运动轨迹，计算各个关节所需的力矩。

动力学涉及机器人在运动过程中所受的力和力矩，以及由此产生的运动。

10.2.3　机器人控制方法

机器人控制的核心目标是使机器人能够在各种环境中执行预定任务，通常基于以下控制方法。

1. 开环控制（Open-loop Control）

开环控制的特点是不使用反馈信号，仅根据预设的控制指令驱动机器人。适用于对机器人和环境非常了解、操作条件稳定的情况。

2. 闭环控制（Closed-loop Control）

闭环控制的特点是利用传感器反馈来调整机器人的行为，适合应对动态变化和不确定性。

常见方法有以下几种。

（1）PID 控制（Proportional-Integral-Derivative Control）：通过调节比例、积分和微分 3 项参数，来最小化系统误差，广泛用于机器人运动控制。

（2）力控制（Force Control）：调节机器人施加的力或力矩，适用于与环境交互的任务，如装配或打磨。

（3）位置/速度控制（Position/Velocity Control）：精确控制末端执行器的位置和速度，常用于机械臂的运动。

3. 运动规划与路径跟踪

运动规划是指设计机器人从起点到目标的路径，考虑避障和路径优化。常用算法包括以下几个。

（1）A*算法、Dijkstra 算法：经典路径规划算法，通常用于二维环境中。

（2）RRT（快速随机扩展树）：适用于复杂空间的路径规划，特别是高维空间。

（3）路径跟踪：沿规划路径移动，机器人需实时调整位置和速度以准确跟踪路径。

4. 智能控制（Intelligent Control）

智能控制可分为以下几点。

（1）自适应控制（Adaptive Control）：根据环境变化和机器人自身状态动态调整控制策略，使机器人能够应对不同任务。

（2）模糊控制（Fuzzy Control）：使用模糊逻辑来处理不确定性和模糊信息，适用于复杂控制任务。

（3）强化学习（Reinforcement Learning）：机器人通过环境反馈不断优化控制策略，实现自主学习和决策，适用于任务复杂、环境变化的场景。

这些控制方法使机器人能够在复杂、不确定的环境中完成精确的任务，从而在工业、服务、医疗等领域得到广泛应用。

10.2.4 机器人系统的执行与监控

在机器人系统执行与监控过程中，任务执行和状态监控是确保机器人能够正确、安全完成任务的核心环节。

1. 任务执行

任务执行是指机器人根据预先规划的任务和控制指令来执行具体的操作。任务执行包括以下几个方面。

（1）机械臂操作：机械臂可能需要执行精确的操作，如抓取、装配、焊接等。这要求机械臂根据控制指令进行精确的运动，确保动作的准确性和稳定性。

（2）移动机器人路径执行：移动机器人需要根据规划好的路径移动，避开障碍物并到达终点。路径规划是事先制订的，机器人会依据传感器输入和控制算法，执行这些路径上的移动操作。

（3）协同任务：在一些复杂任务中，多个机器人可能需要协同工作，例如，在自动化生产线中，这些机器人需要协调动作，保证整体任务的完成。

2. 状态监控

为了确保任务的精确性，机器人需要实时监控自身的状态。状态监控通常包括以下几个方面。

（1）位置和速度监控：机器人需要持续监控自身在环境中的位置、姿态（方向）和速度。这通常是通过 GPS、IMU（惯性测量单元）、编码器等传感器实现的。

（2）力矩监控：对于机械臂，监控关节上的力矩非常重要，以确保在执行抓取、装配等操作时不会施加过大或过小的力，防止损坏目标物或导致任务失败。

（3）传感器数据：通过摄像头、激光雷达等传感器，监控机器人周围的环境信息。这可以帮助机器人避开障碍物，并根据环境的变化动态调整执行路径或操作。

（4）反馈控制：根据传感器数据的实时反馈，调整控制指令，以确保机器人的任务能够按照预期的轨迹或计划进行。例如，当移动机器人检测到偏离规划路径时，可以实时纠正以回到正确轨迹。

3. 错误检测与恢复

在执行任务的过程中，机器人可能会遇到各种异常情况，如路径被阻塞、抓取失败、力超限等。为确保任务的连续性和安全性，必须设计有效的错误检测和恢复机制。错误检测与恢复包括以下几个方面。

（1）异常检测：基于传感器监控数据，系统可以检测到异常情况。例如，激光雷达或摄像头可以检测到路径上的障碍物，力传感器可以检测到机械臂施加的力超出了设定的安全范围。

（2）错误处理策略：一旦检测到异常，机器人系统需要根据预设的规则采取措施。例如，当路径被阻塞时，移动机器人可以重新规划路径或尝试绕过障碍物；当抓取失败时，机械臂可以重新调整姿态再尝试一次。

（3）恢复机制：机器人应具备在错误发生后恢复执行任务的能力。错误恢复机制可以包括重新规划路径、调整操作顺序或在某些情况下与人类协作解决问题。

（4）安全机制：为了确保人类与机器人协作的安全性，当遇到严重故障时，机器人可能需要触发安全机制，如停止操作或进入安全模式。

10.2.5 机器人系统的应用

机器人系统的应用十分广泛，以下是常见应用领域。

（1）工业机器人：用于装配、焊接、搬运等任务。通过运动规划和控制算法，工业机器人能够在工作空间内执行复杂的操作。

（2）移动机器人：如仓库中的自动导引车（Automated Guided Vehicle，AGV）、无人机。通过路径规划和避障算法，移动机器人可以自主导航并执行任务。

（3）服务机器人：如家庭清洁机器人、送餐机器人，需要具备良好的环境感知、路径规划和人机交互能力。

10.3 机器人的应用与未来发展趋势

机器人已经在多个领域取得了广泛应用，并且随着技术的发展，未来的机器人将变得更加智能和自主化。机器人应用的范围涉及制造业、医疗、服务、农业、物流以及社会服务等领域，未来的机器人将更深入地融入我们的日常生活和工作。

10.3.1 机器人在各领域的应用

1. 制造业

机器人在制造业的应用如下。

（1）工业机器人：用于装配、焊接、搬运、喷涂等任务，提高生产效率和产品质量。例如，汽车装配线上的机械臂可以实现高速、高精度的焊接和组装。

（2）协作机器人（Collaborative Robot，Cobot）：可以与人类协作，完成装配、打磨、质检等任务，具有灵活性和安全性。

2. 医疗领域

机器人在医疗领域的应用如下。

（1）手术机器人：如达芬奇手术系统，通过远程控制，为外科医生提供高精度的手术操作，减少创伤、提高手术成功率。

（2）康复机器人：用于辅助患者进行康复训练，如步行训练机器人、手功能康复机器人等。

（3）护理机器人：用于患者监护、药物递送和日常护理，减轻医护人员的工作负担。

3. 服务业

机器人在服务业的应用如下。

（1）家庭服务机器人：如扫地机器人、陪伴机器人，能够完成家务、提供娱乐和陪护服务。

（2）商业服务机器人：如迎宾机器人、送餐机器人、导购机器人，在酒店、餐厅、商场等场所提供服务。

（3）教育机器人：用于教学辅助和教育培训，帮助学生学习编程、科学和数学等知识。

4. 物流与仓储领域

机器人在物流与仓储领域的应用如下。

（1）自动导引车：在仓库中自动搬运货物，优化物流流程，提高仓储效率。

（2）配送无人机：用于短距离货物配送，如亚马逊的 Prime Air 项目，可提供快捷的物流服务。

（3）仓库机器人：如 Kiva 机器人，在大型仓库中自动取货、分拣、运送，大幅提高物流效率。

5. 农业

机器人在农业的应用如下。

（1）农用机器人：用于种植、施肥、采摘、除草等任务。例如，自动采摘机器人能够识别水果的成熟度并进行采摘。

（2）无人机：用于农田监测、喷洒农药和肥料，提高农业生产效率和精确度。

6. 社会服务与救援领域

机器人在社会服务与救援领域的应用如下。

（1）安保机器人：用于巡逻、监控、警戒等任务，提高公共安全。

（2）救援机器人：在地震、火灾等灾害发生时，用于搜索和救援受困人员。例如，蛇形机器人可以进入狭窄的空间，寻找幸存者。

（3）探测与探索：空间探测机器人（如火星车）和水下机器人，用于探索人类无法直接到达的环境。

10.3.2　机器人的未来发展趋势

1. 人工智能与机器人融合

（1）更智能的感知与决策：未来的机器人将具备更高级的感知能力，通过人工智能和机器学习算法，机器人将能够理解和解释复杂的环境，做出更智能的决策。

（2）自主学习：机器人将具备自主学习能力，通过强化学习和自适应算法，不断改进自身的行为和策略，以应对动态和未知的环境。

2. 人机协作与交互

（1）自然语言处理与情感识别：机器人将更善于与人类进行自然语言交流，理解人类的意图和情感，并做出相应的反应。

（2）安全与协作：协作机器人将在安全性和灵活性方面取得突破，能够在与人类共存的环境中安全地工作，配合人类完成复杂任务。

3. 多机器人系统与分布式控制

（1）多机器人协作：多机器人系统将通过协作完成更复杂的任务，如群体机器人系统用于环境监测、救灾和物流配送。

（2）分布式控制与通信：利用分布式控制和通信技术，多个机器人将能够高效地协调行动，实现资源共享和任务分配。

4. 机器人硬件与材料创新

（1）柔性机器人：使用柔性材料和仿生设计，机器人将能够更好地适应和操作复杂形状的物体，如软体机器人在医疗和仿生学中的应用。

（2）微型机器人：微纳米技术的发展将推动微型机器人的研发，微型机器人在医疗（如体内药物递送）和环境监测方面具有广阔的应用前景。

5. 机器人伦理与法规

（1）伦理问题：随着机器人在社会中的作用越来越大，涉及伦理的问题日益突出。例如，机器人在医疗、军事、安保中的应用引发了关于自主决策、隐私保护、责任划分等问题的讨论。

（2）法规和标准：制定机器人的法规和标准，确保机器人的安全性、可靠性和可控性，同时保护用户的权益。

10.3.3　机器人的技术挑战

尽管机器人取得了巨大进步，但仍面临诸多技术挑战。

（1）环境感知与理解：机器人在复杂和动态环境中进行精确感知和理解仍然困难。例如，实时图像处理和三维环境建模。

（2）自主导航与避障：机器人在未知和动态环境中实现可靠的自主导航和避障仍具有挑战性，尤其是在多智能体系统和人机混合环境中。

（3）能量管理：机器人在长时间、高强度任务中的能耗管理和续航能力需要进一步优化。

（4）安全性和可靠性：机器人在各种应用场景中的安全性和可靠性需得到保障，避免意外和失误，尤其是在人类密集的环境中。

10.3.4　机器人的未来展望

机器人正朝着更智能、更自主、更人性化的方向发展。随着人工智能、传感器技术、材料科学和通信技术的不断进步，未来的机器人将更加深入地融入我们的生活和工作中，成为我们不可或缺的助手。然而，随着机器人在社会中的普及，必须重视其带来的伦理、法律和社会问题，确保机器人的可持续和负责任发展。

10.4　案例分析

在本节中，将通过分析机器人足球这一具体案例，来探讨机器人在动态和复杂环境中的感知、决策和行动能力。机器人足球集成了多种机器人学和人工智能技术，包括感知、运动控制、路径规划、多智能体协作等，是研究智能机器人技术的理想平台。

10.4.1　机器人足球介绍

机器人足球是一项集娱乐、竞技和科研于一体的活动，它模拟人类足球比赛，由一组自主机器人在一个封闭的场地上进行比赛。每个机器人都需要具备自主感知、决策和运动的能力。机器人足球的研究涉及多个领域，如计算机视觉、机器学习、实时控制、多智能体系统和战略规划。

1. 机器人足球的组成

以下是机器人足球的组成。

1）硬件组成

（1）机器人本体：包括移动底盘、驱动电机、踢球装置等。机器人需要快速移动、转向、避障，并具有踢球和接球的能力。

（2）传感器：包括摄像头、红外传感器、陀螺仪等。摄像头用于视觉感知，获取场地和球的位置，陀螺仪用于姿态检测。

（3）通信设备：用于机器人之间和机器人与控制中心之间的通信，实现信息共享和协调。

2）软件组成

（1）计算机视觉：用于检测和跟踪足球、机器人和场地标志。通过摄像头获取图像，使用图像处理和模式识别算法提取有用的信息。

（2）路径规划：机器人需要实时规划路径，以避开对方球员并移动到目标位置。常用的路径规划算法包括 A^* 算法、RRT 等。

（3）行为决策：根据场上局势，决定当前应采取的策略，如进攻、防守、传球、射门等。行为决策可以基于规则、有限状态机或学习算法。

（4）多智能体协作：机器人队员需要相互协作，制定团队策略，如配合进攻、防守站位、互相支援等。

2. 机器人足球的技术挑战

机器人足球仍面临诸多技术挑战。

1）实时感知与处理

（1）机器人需要快速获取并处理球的位置、速度信息，以及其他机器人的位置信息。

（2）视觉处理是一个关键难题，需要实时识别和跟踪高速移动的物体，同时过滤掉噪声和干扰。

2）精确运动控制

（1）机器人需要执行精确的移动，包括加速、减速、转向和制动，以便在比赛中快速反应和调整。

（2）控制算法需要处理轮子打滑、惯性等实际问题，确保机器人在场地上平稳移动。

3）策略与决策

（1）比赛中，机器人需要根据当前场上局势快速做出决策，包括选择何时进攻、何时防守、如何配合队友等。

（2）战术层面的决策涉及多智能体系统的协调和规划，如制定战术策略、分配角色、动态调整队形等。

4）通信与协作

（1）在团队中，机器人之间需要进行有效的通信和协作，分享位置信息、策略决策等。

（2）通信的实时性和可靠性至关重要，特别是在高速移动和快速变化的比赛环境中。

3. 机器人足球的比赛策略

机器人足球的比赛策略分为以下几点。

1）进攻策略

（1）控球：保持对球的控制，并寻找机会突破对方防线。这需要精确的控球能力和路径规划能力。

（2）传球与配合：机器人队员之间进行传球，寻找最优进攻路线。这需要考虑队友和对手的相对位置。

（3）射门：在合适时机进行射门，瞄准对方球门的空档。

2）防守策略

（1）阻挡：防守机器人阻挡对方进攻球员和传球路线，减缓对方进攻速度。

（2）抢断：在合适的时机抢断球，并立即组织反攻。

（3）站位：根据球的位置和对方球员的站位，调整自身位置，保护球门。

3）多智能体协作

（1）角色分配：根据比赛进程，动态分配角色，如前锋、中场、后卫，确保团队协作和整体攻防平衡。

（2）信息共享：通过无线通信，机器人队员共享位置、球的状态、对方队员的位置等信息，实现更有效的团队协作。

10.4.2　机器人足球示例

机器人在足球比赛中需要不断移动到合适的位置，如追逐球、接应队友、寻找射门角度等，路径规划是其中的关键。使用 A^* 算法为机器人规划路径的 Python 示例如图 10-1 所示。

```python
import heapq

def astar(grid, start, goal):
    rows, cols = len(grid), len(grid[0])
    open_set = []
    heapq.heappush(open_set, (0, start))
    came_from = {}
    g_score = {start: 0}
    f_score = {start: heuristic(start, goal)}

    while open_set:
        _, current = heapq.heappop(open_set)

        if current == goal:
            return reconstruct_path(came_from, current)

        for neighbor in get_neighbors(current, grid):
            tentative_g_score = g_score[current] + 1
            if neighbor not in g_score or tentative_g_score < g_score[neighbor]:
                came_from[neighbor] = current
                g_score[neighbor] = tentative_g_score
                f_score[neighbor] = tentative_g_score + heuristic(neighbor, goal)
                heapq.heappush(open_set, (f_score[neighbor], neighbor))

    return []

def heuristic(a, b):
    return abs(a[0] - b[0]) + abs(a[1] - b[1])

def get_neighbors(position, grid):
    neighbors = []
        new_pos = (position[0] + delta[0], position[1] + delta[1])
        if 0 <= new_pos[0] < len(grid) and 0 <= new_pos[1] < len(grid[0]) anc grid[new_pos
            neighbors.append(new_pos)
    return neighbors

def reconstruct_path(came_from, current):
    path = [current]
    while current in came_from:
        current = came_from[current]
        path.append(current)
    path.reverse()
    return path

# 足球场示意图 (0表示空地，1表示障碍)
field = [
    [0, 1, 0, 0, 0],
    [0, 1, 0, 1, 0],
    [0, 0, 0, 1, 0],
    [0, 1, 0, 0, 0],
    [0, 0, 0, 1, 0]
]

start = (0, 0)   # 机器人起始位置
goal = (4, 4)    # 目标位置（球的位置或射门位置）
path = astar(field, start, goal)
print("规划路径：", path)
```

图 10-1　使用 A* 算法为机器人规划路径的 Python 示例

输出示例如图 10-2 所示。

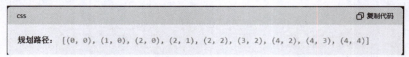

图 10-2　使用 A* 算法为机器人规划路径的输出示例

在这个示例中，A* 算法为机器人规划了一条从起始位置到目标位置的路径，避开了场地中的障碍物。

4. 机器人足球的研究价值

机器人足球的研究价值主要体现在以下几个方面。

（1）综合技术测试平台：机器人足球集成了传感、控制、规划、决策等多项技术，是测试和验证机器人和人工智能算法的理想平台。

（2）多智能体系统研究：在机器人足球比赛中，队员之间的协作和对抗提供了研究多智能体系统行为和策略的机会。

（3）实时控制与学习：比赛环境要求机器人具备实时感知、决策和行动的能力，为实时控制和强化学习提供了研究对象。

10.5　练习与思考

1. 设计一个简单的机器人系统模型，模拟其感知与控制过程，并编写基本的控制程序，使其能够自主完成某项任务（如物体搬运）。

2. 探索 ROS（Robot Operating System）平台，使用其编写一个机器人路径规划程序，讨论该系统的优势与不足。

3. 研究机器人足球的运动控制策略，设计并实现一个简化版的机器人足球比赛模拟系统。

4. 分析工业机器人在生产线中的应用，讨论其感知、决策和执行模块的协同工作。

5. 探讨机器人在未来医疗领域中的应用，设计一个具有简单自主功能的医疗服务机器人模型，并分析其面临的技术挑战。

6. 研究人机交互技术，设计并实现一个简单的机器人用户接口，模拟机器人的语音控制与反馈系统。

本章参考文献

［1］李明权，王玉松. 机器人学导论［M］. 2 版. 北京：清华大学出版社，2018.

［2］SICILIANO B，KHATIB O. Springer Handbook of Robotics［M］. Berlin：Springer，2016.

［3］周克智. 工业机器人技术与应用［M］. 北京：机械工业出版社，2015.